没有不可能

魏 新 ◎ 编著

北京工业大学出版社

图书在版编目（CIP）数据

没有不可能/魏新编著.—北京：北京工业大学出版社，2012.1
ISBN 978-7-5639-2918-4

Ⅰ.①没… Ⅱ.①魏… Ⅲ.①成功心理－青年读物 Ⅳ.① B848.4-49

中国版本图书馆 CIP 数据核字（2011）第 250594 号

没有不可能

编　　著：魏　新
责任编辑：李周辉
封面设计：汝果儿
出版发行：北京工业大学出版社
　　　　　（北京市朝阳区平乐园 100 号　100124）
　　　　　　010-67391722（传真）bgdcbs@sina.com
出 版 人：郝　勇
经销单位：全国各地新华书店
承印单位：三河市元兴印务有限公司
开　　本：787mm×1092mm　1/16
印　　张：17
字　　数：221 千字
版　　次：2012 年 1 月第 1 版
印　　次：2021 年 1 月第 2 次印刷
标准书号：ISBN 978-7-5639-2918-4
定　　价：29.80 元

版权所有　翻印必究
（如发现印装质量问题，请寄本社发行部调换 010-67391106）

前　言

可能就是有希望，可能就是能够实现；而不可能就代表着机会为零。面对困难，如果你认为很多事情难以办到，那么你就已经输了。当然，在人的一生中，把不可能变为可能的事并不多见，而恰恰就是做成了这些事的人，都成了拥抱成功的人。是的，让奇迹出现不是一件轻松的事，它是一个漫长的艰苦过程，是一个复杂的系统工程。

在人生的道路上，你会经历很多的风雨。如果个人意志不坚定，就会动摇你的信念。但只要你用心地为成功找方法，并努力去超越，那么，没有什么抱负不可以实现。也许你正为失败所困惑，也许你正为处于低谷而不满，但请不要灰心，抬起头，看准脚下的路，坚定不移地走下去。你会发现，其实没有什么能阻挡你的步伐。

本书在章节的设置上共分为八部分，内容由浅入深地为读者讲述了通过对梦想、韧劲、责任、方法、态度、境遇、信念与习惯的修正与掌控，很多被认为不可能的事情都能成为一种可能。在文字上，本书语言精练、实用性强，对想要成功的人士斩尽荆棘、成就事业会有所帮助。

目 录

第一章 信念，让一切都成为可能 …………………… 1
1. 认识自己是坚定信念的前提 ………………………………… 1
2. 潜力可以让一个人所向披靡 ………………………………… 5
3. 记住，没有什么能阻碍你成功 ……………………………… 10
4. 别害怕，要相信自己 ………………………………………… 14
5. 没有人能从你手中夺走希望，除了你自己 ………………… 19
6. 肯定自己的优点 ……………………………………………… 23

第二章 是苦难也是机会 …………………………………… 27
1. 不要为凋零的花朵而哭泣 …………………………………… 27
2. 只有经历过失败的痛苦，才会更加成熟 …………………… 31
3. 苦难所释放的能量 …………………………………………… 36
4. 有失意，也有得意 …………………………………………… 40
5. 内心的力量，主宰着困难的成败 …………………………… 46
6. 经历过伤痛，才能更好地收获成功 ………………………… 51
7. 面对困难要守得云开见月明 ………………………………… 55
8. 失败乃成功之母 ……………………………………………… 58

第三章 "借口"不是你该找的理由 …… 62

1. 直视你的目标，今日事，今日毕 …… 62
2. 对工作负责，就是对自己负责 …… 66
3. 善于改善自己，就能发生事业的奇迹 …… 71
4. 少为自己找借口，多为未来找出路 …… 75
5. 远离借口，事业将会一片光明 …… 79
6. "借口"是阻碍你发展的绊脚石 …… 82
7. 行动是走向成功的有效途径 …… 86
8. No Excuse …… 89

第四章 不为失败找理由，只为成功找方法 …… 94

1. 选择了你的工作，就要高标准要求自己 …… 94
2. 开创事业，要满怀激情 …… 99
3. 对所追求的事情，要找可行的方法 …… 104
4. 相信自己可以为成功带来希望 …… 107
5. 条条大路通罗马 …… 110
6. 必须依托力量，方能成就大事 …… 116
7. 做事业的主人，让目标指导你前行 …… 121
8. 成功，需要别出心裁 …… 125

第五章 千万别学会一个叫"放弃"的词 …… 130

1. 果断决策，才能力挽狂澜 …… 130
2. 坚持是看似愚蠢的大智慧 …… 134
3. 轻易放弃的人生何来光明 …… 140

4.获取财富需要大量的行动 …………………………………… 143

5.迎难而上让你更强大 ……………………………………… 148

6.把不可能变成可能的神奇魔法 …………………………… 152

7.时间是最公正的礼物 ……………………………………… 156

8.曲径通幽的妙处 …………………………………………… 160

第六章　习惯决定出路 …………………… 165

1.心胸无比宽，爱人如爱己 ………………………………… 165

2.抓住机会让成功无止境 …………………………………… 169

3.拒绝拖延的习惯 …………………………………………… 174

4.凡事靠自己，才不会与成功擦肩而过 …………………… 178

5.把值得你去做的事做到最好 ……………………………… 182

6.用勤奋铺就成功之路 ……………………………………… 186

7.别为你的情绪付出代价 …………………………………… 190

8.平凡的人可以有不平凡的人生 …………………………… 194

第七章　我们怎样才能创造出"可能" ………… 200

1.人生的绚丽舞台 …………………………………………… 200

2.了解自己的价值，并为实现自己的理想而奋斗 ………… 205

3.机会只降临在有准备的人身上 …………………………… 210

4.事业没有规划，如何收获成功 …………………………… 215

5.将你的工作写满"热爱" ………………………………… 220

6.战胜畏惧，赢得辉煌 ……………………………………… 225

第八章 破釜沉舟，背水一战 ……………………… 230

1. 不能再退，再退就是地狱的入口 ……………………… 230
2. 收起你怯懦的样子 ……………………………………… 234
3. 打不赢也绝不做逃兵 …………………………………… 239
4. 从"不可能！"到"不！可能！" …………………… 243
5. 成功是爬起比跌倒的次数多一次 ……………………… 248
6. 只要不封盘，就还有希望 ……………………………… 250
7. 苦难绝不会阻断强者的成功之路 ……………………… 254
8. 绝望将希望变成荒漠，希望将绝望变成绿洲 ………… 258

第一章 信念，让一切都成为可能

1.认识自己是坚定信念的前提

古代哲学家苏格拉底常常会说这样一句话："认识你自己。"认识自己，是多么简单而又浅显的句子，可其中却蕴涵了希腊人民无穷的智慧，甚至还被当做神谕刻在希腊帕尔纳索斯山的一个神庙门口的石头上。无法否认，两千多年前的这句格言直到今天还有重要的意义，它时刻提醒着人们认识自我、把握自我、实现自我。

如果你不明白认识自我和坚定信念有着怎样的联系，那么或许通过下面的故事，你就能看出端倪。

美国跳水运动员格里格·洛加尼斯并非从一开始就专注于跳水这一项运动。上学的时候，他很害羞，因为口吃，所以在讲话和阅读时总会受到同伴的嘲笑，这令洛加尼斯非常沮丧和懊恼。

但格里格·洛加尼斯的爱好十分广泛，他不仅擅长舞蹈、杂技，同时还热爱体操和跳水。他知道自己的天赋在运动方面而不在学习上。随后，他开始专注于舞蹈、杂技、体操和跳水方面的锻炼，希望自己能凭借运动方面的出色表现而赢得同学们的尊重。由于天赋和努力，他开始在各种体育比赛中崭露头角。

但随着年龄的增长，升入中学后，课业逐渐加重了。洛加尼斯

很快就发现自己有些力不从心了,因为无论是舞蹈、杂技、体操还是跳水,都需要勤奋地练习,但他不可能有充裕的时间和足够的精力去做这么多事。他知道自己必须有所舍弃,但如何选择成了困扰他的最大难题。

正是在这个时候,洛加尼斯幸运地遇到了一位前奥运会跳水冠军,也就是他后来的恩师乔恩。经过对洛加尼斯的观察和询问后,乔恩肯定了洛加尼斯在跳水方面更有天赋,建议他专心投入到跳水训练中去。

认识到了自己的长处之后,洛加尼斯走出了举棋不定的困局,他开始专注于跳水。而后,经过专业的训练和长期不懈的努力,他终于在跳水方面取得骄人的成就。由于对运动事业的杰出贡献,洛加尼斯在1987年获得"世界最佳运动员"的称号和欧文斯奖,取得了一个运动员所能得到的最高荣誉。

没错,当你想要实现人生价值的时候,首先要做的就是认识自己。换句话说,认识自己是坚定信念的前提。如果不能正确地认识自己,那么就很难看到自身的闪光点与不足。如此一来,就算信心再坚定,也只是在朝着错误的趋势发展。

每个人都有优点和不足,正确地认识自己,就要诚实地面对自己,勇敢地接纳自己,承认自己的缺点和过失,不要因为自身有缺陷与不足而自卑、自轻。要放弃对自己的偏见,因为你在生活中是会不断变化、不断发展的。有些人不愿意承认自己的不足,没有勇气接受自己的缺陷,极力掩饰或刻意伪装,这样就会形成病态人格,无法实现成功的人生。

正确地认识自己,就是要认识自己的长处,同时也要看清自己的短处,接受自己并不完美的现实。从实际出发,从自己现有的条件出发,弥补自己的不足，发扬自己的优点，并努力提高自己各方面的能力，才能实现人生目标。

不知你是否听过夜郎自大的故事。相传在汉朝的时候，西南方有个名叫夜郎的小国家，它国土贫瘠，百姓也少，物产更是不值一提。但是由于当地闭塞，百姓很少离开国土，所以都认为夜郎国是天下最大的国家，甚至国王也是这样认为。

有一天，夜郎国的国王与部下巡视国境的时候，他指着前方问说："这里哪个国家最大呀？"部下们为了迎合国王的心意，于是就说："当然是夜郎国最大啰！"走着走着，国王又抬起头来、望着前方的高山问说："天底下还有比这座更高的山吗？"部下们回答说："天底下没有比这座更高的山了。"后来，他们来到河边，国王又问："我认为这可是世界上最长的河川了。"部下们仍然异口同声回答说："大王说得一点都没错。"

自此，这个不知天高地厚的国王就更相信夜郎是天底下最大的国家，并且当汉朝的使者来到时，还妄自尊大地询问："汉朝和我的国家哪个大？"

是否真有这样可笑的事情我们不得而知，但"夜郎自大"这个成语却家喻户晓。这就如同坐井观天一般，看不清自己的真实实力，何以立足呢？

要知道，一个人在自己的生活经历中，在自己所处的社会境遇中，能否真正认识自我、肯定自我，如何塑造自我形象、把握自我发展，如何抉择积极或消极的自我意识，将在很大程度上影响甚至决定一个人的前程与命运。换句话说，你可能渺小而平庸，也可能出色而优秀，这一切都取决于你是否能够认识自己。

再来看看下面的故事。

朱明瑛是蜚声中外乐坛的著名歌舞表演艺术家。她集美声、民族、通俗唱法于一身,那能歌善舞的特殊才华给中外观众留下了深刻的印象。她录制的唱片和歌曲曾荣获过云雀奖和金唱片奖,发行量最高达180万盒。她出访过19个国家,会表演26种不同国家民族风格的歌舞。她那歌与舞、情与声融为一体的演唱魅力,征服了世界各地的观众,在国际上享有盛誉。那么,是什么使她取得了如此惊人的成就,赢得观众的厚爱的呢?

原因很多,比如坚韧不拔的性格、吃苦耐劳的品格以及对艺术献身的精神,等等。然而,有很重要的一点是不能忽略的,那就是:她能够清楚地认识自我,能够充分发挥自己的特长,培养自己的特殊才能。这使得她无人能替代,也正是以此而赢得观众的心。

知人者智,自知者明。这个世界上,最了解自己的人应该就是自己。认识自己,走别人没走过的路,根据自己的特点,依靠自己的主见,培养不同于其他人的特殊才能,就一定能成功。

田忌赛马的故事家喻户晓。用己方的下等马出战对方的上等马,用己方的中等马出战对方的下等马,再用己方的上等马出战对方的中等马。只是顺序的调换却能做到招招制敌,这可以说是智慧的体现,更是透彻地认识自己的表现。

在人生道路上,成功者都无一例外地经历过几番蜕变。蜕变的过程,也就是自我意识提高、自我觉醒和自我完善的过程。人的成长就是不断地蜕变,不断地进行自我认识和自我改造。对自己认识得越准确越深刻的人,取得成功的可能性就越大。

意大利著名男高音歌唱家卢西亚诺·帕瓦罗蒂回顾自己走过的成功之路时,说:"当我还是个孩子时,我的父亲——一个面包师——就开始教我学习歌唱。他鼓励我刻苦练习,培养歌唱的功底。后来,在我的家乡意大利的蒙得纳市,一位名叫阿利戈·波拉的专业歌手收我做他的学生。那时,我还在一所师范学院上学。在毕业时,我问父亲:'我应该怎么办?是当教师还是成为一个歌唱家?'

"我父亲这样回答我:'卢西亚诺,如果你想同时坐两把椅子,你只会掉到两个椅子之间的地上。在生活中,你应该选定一把椅子。'

"我选择了。我忍住失败的痛苦,经过七年的学习,终于第一次正式登台演出。此后我又用了七年的时间,才得以进入大都会歌剧院,现在我的看法是:不论是砌砖工人,还是作家,不管我们选择何种职业,都应有一种献身精神。坚持不懈是关键。选定一把椅子吧。"

翻开历史,你就会发现那些成功的人,之所以取得了辉煌的成就,就在于他们十分准确地选择了人生奋斗的方向,使自己的才华得到了极大地展示,从而实现了自己的人生追求和梦想。人生有各种各样的舞台,但最能展露你才华的舞台,却只有一个。

所以,想要将不可能的事情变成可能,想要让自己稚嫩的指尖触碰到梦想的羽翼,就要从现在开始审视自己、认识自己,这样才能在机会面前表现出色,挥洒自如。

2. 潜力可以让一个人所向披靡

潜力总是让人有无所畏惧的力量,因为它会让你看到将不可能变为可能

的奇迹。在你拥有这力量之前,要先学着去发现,去发现藏在自己身上的潜力。

有位哲人说过这样一句话:"发现自己天赋所在的人是幸运的,因为他不再需要其他的福佑。他有了自己命定的职业,也就有了一生的归宿。他找到了自己的目标,并将执著地追寻这一目标,奋力向前。"

是的,每个人都有属于自己的天赋,它是上帝埋在人们心中的宝藏。而一个人是否能有幸挖掘出这座宝藏,关键就看能不能脚踏实地地发挥自己的长处,去经营自己的人生。

> 有个农夫拥有一块肥沃的土地,靠着辛勤耕作,日子过得十分幸福。他听说,如果能找到一块埋有宝藏的土地的话,那么生活将变得非常富有。于是,农夫把自己的土地卖掉,离家出走,四处寻找埋有宝藏的地方。
>
> 农夫一直走到遥远的异国他乡,但仍未发现什么宝藏。转眼十几年过去了,农夫变得一贫如洗,最终他在绝望中死去。而那个买下农夫土地的人在这十几年中辛勤劳作,积累了很多的财富,土地也变得非常肥沃。
>
> 就这样,农夫为寻宝藏而舍弃的土地,被新主人珍惜利用。新主人充分发掘土地的能量,收获了丰硕的果实,积累了殷实的财富。

谁说宝藏都埋在深深的地下。有时,最珍贵最有价值的财富就在你身边,就在你的心里。它是真正的智慧,经常在人们的意识中露出头来等待挖掘。每个人都拥有自己的宝藏,这些宝藏就是自己的潜力,它们足以使你的理想变为现实。要想取得成功,就要尽力去挖掘自己的宝藏,并能更有效地利用它们,为实现自己的理想而付出辛劳,使自己的人生放出异彩。

有一个年轻人,他没有"强硬"的家庭背景,学历也只有中学而已。为此,他只好在一家小公司中打扫厕所。他对自己缺乏信心,觉得自己的人生充满悲哀和无奈。整整5年,他每天除了上班,生活中几乎没有别的内容。他只与有限的几个朋友来往,认为自己的生活只能如此。

但命运往往都会有改变的时候。这天,一位老人搬到了他的隔壁。这位老人声称不仅能预知未来,还知道别人的前生。每天上下班时,年轻人经常会碰见老人并和他聊几句。有一天,老人坐在年轻人身边,称已经感觉到了年轻人的前生。老人告诉年轻人,他的前生是位出色的将军,是历史上最伟大的政治家、军事家之一。虽然出身卑微,却通过勤奋和努力练就了一身过人的本领,最终领万千兵马,报效国家,得到了人民的爱戴。

年轻人听了,觉得这十分可笑,于是离开了,但心里却有了一种从未有过的伟大感觉。回家后,他想方设法找到旧时著名将军的事迹,越读越感兴趣,越读越觉得自己身上好像也潜藏着一些同样的优势。他研究将军在领兵打仗时表现出的领导才能、指挥才能和统率才能,越来越肯定自己也具有同样的潜力。不仅如此,他还研究了商场和战场领导方法的书。他时常发现,自己具有历史上各国领导者表现出的许多相同的优势。这使得他越来越自信,在工作中,他的言谈举止越来越像一位领导者。

一段时间之后,自信的年轻人主动请求改变自己的职位,接触一些他原先想都没有想过的工作。公司领导对他的这一举动很是欣赏,因为他们感觉到他不再是以前那个无所事事、总爱偷懒的员工,全身都透出一种精明能干的劲头,于是便交给他一些具有挑战性的工作。每次得到更难的工作时,年轻人都不会胆怯和害怕,他全身

心地投入工作，并出色地完成任务。并在业务时间学习与工作有关的业务知识。他所了解的知识越来越多，经验也越来越丰富。他的职位得到不断的提升。

经过几年的努力与进步，这个年轻人已经完全摆脱了以前那种一无是处的自卑感，彻底变成了一个果敢、自信的管理者，并且在闲暇之余，选修了成人大学的课程。

仅仅是老人的一句话，就让年轻人有了如此之大的转变，一句话的力量真的有这么大吗？究其原因，还是由于年轻人心中藏着想要进步、想要努力的种子。在他没有意识到自己的潜能之前，只能流于平庸；而当他挖掘出自身的潜能时，各种积极的力量便在他身上显现出来，并帮助他获得成功。

其实，每个人都是不同的个体，每个人身上都蕴藏着一份特殊的才能，那份才能犹如一位熟睡的巨人，等着你去唤醒它，而这个巨人就是潜能。

当你认识到潜力那不可思议的力量之后，就应该能够明白，为什么它可以让一个人披荆斩棘地前进，为什么它可以让一个人表现出所向披靡的勇气。

多年前，一位名叫曲乐恒的足球健将，在"超霸杯"决赛里技惊四座地连进三球，让全中国的人记住了他的名字。但就在新千年到来之际，一场车祸在瞬间就结束了他的足球生涯，让这个在"超霸杯"上独中三元的球员告别了绿茵场。

那是让人难忘的2000年，曲乐恒同他的队友张玉宁等人在聚餐的归途中，张玉宁驾车发生意外，坐在副驾驶位置的曲乐恒伤势严重：十二椎前脱位，腰椎压缩性骨折，被鉴定为一级伤残。从此，曲乐恒再也无法站立和行走，他不但被迫放弃了他的足球梦想，也和正常人的生活彻底告别。

此后，在人们的视线里出现的他的形象再也不是那张清秀的脸庞，而是坐在轮椅上，有着浑圆臃肿的上身和与之形成鲜明对比的瘦弱的下肢。这是一场多么残酷的车祸啊！让那么坚实有力的双腿、曾经连进三球的双腿，变得只有10岁儿童的腿那样粗细。

就在大多数人为此欷歔不已，认为车祸后的曲乐恒只能在轮椅上郁郁寡欢地度过自己的下半生，所有的荣耀都只能属于过去的时候。一档《鲁豫有约》栏目，让人们完全改变了这种消极的看法。因为，所有的人都听到曲乐恒用双手熟练地在琴键上跳跃弹奏的那曲《梦中的婚礼》。人们简直无法相信自己的眼睛和耳朵，那个昔日忧伤的运动员告别足球事业之后，居然用动人的音乐抚慰了自己的伤口，那动听的旋律让在场的所有人泪光闪烁。

这还仅仅是一个开始，因为人们很快发现，曲乐恒成了全国知名的"剑客"。2005年7月3日，在南京举行的首届全国轮椅击剑赛上，曲乐恒夺得了B级男子花剑个人赛铜牌。尽管他坐在轮椅上参加训练仅仅两个多月，但是，他依然取得了令人赞叹的成绩。采访中，曲乐恒露出笑脸，抚着剑锋说道："这是我的宝剑，它给了我全新的生活！"

曲乐恒的每把剑上都贴着一个"乐"字，说道："过去踢球时从不这样，都是直接写号码。以前，我在辽宁队是7号，衣服上都有'7'的标志。现在我们没有号码，就挑了'乐'字，它代表一种态度，也象征着某种希望。"

谁都不能否认，失去双腿对人的打击是巨大的。无法站立，无法行走，多少人被这种无法逆转的苦难消磨了意志。但曲乐恒却成为了传奇，他面对挫折，哭过，心痛过，失望过，却并没有让困难压倒意志。他相信只要意志还坚强，就能让自己重新站起来。对于

第一章 信念，让一切都成为可能

曲乐恒来说,剑上的"乐"字只是一个标记,而真正让他成功的是刻在他心里的"乐"字。走出了瘫痪的阴影,笑对挫折,笑对人生才是他获得新生的关键所在。

人们如何不感动！双腿无法站立,但却可以用双手来延续梦想；足球不能再踢,却仍能用剑道来谱写新的篇章。在挫折面前,人们困惑彷徨、失落悲伤,但只要将生命的琴弦拉紧,就仍然能弹奏出动人的旋律。

人最大的战场就在心里。没有人会永远春风得意,事事顺心。面对挫折要保持一种健康的心态,敢于挑战,在人生的海洋里开辟出属于自己的航线,克服海洋的汹涌澎湃,才能到达光辉的彼岸。

正如马克思所言："一种美好的心情,比十副良药更能解除生理上的疲惫和痛楚。"坚定信念,我们要相信潜力带给我们的无限可能。

3.记住,没有什么能阻碍你成功

有一句名言叫做"只要功夫深,铁杵磨成针"。其实,在这个世界上,没有什么事情可以把你难到。当你用心去做了,一切的事情都能做好。不信,就一起来看下面的故事。

有一个屡考不中的进士又落榜了,在极度失意与郁闷中,他走上街去散心。经过市场旁,他发现有一个老人在大石头上磨一根铁棍。他十分不解,于是上前询问："婆婆,您这是在干什么呢？""你没看到吗？我在磨针啊！"进士听了之后十分惊讶,将一根铁棍磨成细针岂是一天两天、一年两年的工夫,于是又问："婆婆,这要多久啊！想要针去买不就是了吗？"老人家看了他一眼，又说道："年轻人，重要的不是这根针，而是这份心，只要坚持，就一定能够将铁杵磨成针，你明白吗？"

尽管这故事今天看起来有些可笑，但它所蕴涵的道理却是值得每一个人学习的：只要你不放弃，就没有什么能阻碍你成功。

在一次火灾中，一个小男孩被烧成重伤。虽然经过医院全力抢救脱离了生命危险，但他的下半身还是没有任何知觉。医生悄悄地告诉他的妈妈，这孩子以后只能靠轮椅度日了。

一天，天气十分晴朗。妈妈推着他到院子里呼吸新鲜空气，然后有事离开了。

一股强烈的冲动从男孩的心底涌起：我一定要站起来！他奋力推开轮椅，然后拖着无力的双腿，用双肘在草地上匍匐前进，一步一步地，他终于爬到了篱笆墙边。接着，他用尽全身力气，努力地抓住篱笆墙站了起来，并且试着拉住篱笆墙向前行走。没走几步，汗水从额头滚滚而下，他停下来喘口气，咬紧牙关又拖着双腿再次出发，直到篱笆墙的尽头。

就这样，每一天男孩都要抓紧篱笆墙练习走路。可一天天过去了，他的双腿仍然没有任何知觉。他不甘心困于轮椅的生活，一次次握紧拳头告诉自己：未来的日子里，一定要靠自己的双腿来行走。终于，在一个清晨，当他再次拖着无力的双腿紧拉着篱笆行走时，一阵钻心的疼痛从下身传了过来。那一刻，他惊呆了。他一遍又一遍地走着，尽情地享受着别人难以忍受的钻心般的痛楚。

从那以后，男孩的身体恢复得很快。先是能够慢慢地站起来，

扶着篱笆走上几步。渐渐地他便可以独立行走了,终于有一天,他竟然在院子里跑了起来。

自此,他的生活与一般的男孩子再无两样。到他读大学的时候,他还被选进了学校田径队。

他就是葛林·康汉宁博士,他曾经跑出过全世界最好的短跑成绩。

做任何事情,你都要具有"面对挫折,永不退缩"的精神。多试一次,就是再给自己一次机会,或许命运的转折点就藏在这次机会中。

伊利集团的总裁潘刚在刚刚进入伊利集团时,还只是一名普通的工人。通过多年不懈地努力,他才坐到了今天的位置上。

刚刚入职时,单位刚好在金川地区实行项目推广。这个地方十分荒凉,交通不便,甚至连住的地方都没有,单位的很多人都不愿意去。但是,充满一腔热血的潘刚却主动请缨,迎难而上。他借了一辆自行车,每天奔波在路上,在艰苦的条件下打下了成功的第一个烙印,也为单位的领导留下了一个好印象。

后来,他所在的集团收购了一个更加偏远的倒闭工厂,条件的艰苦程度比金川有过之而无不及。潘刚这次也是一样,带着几个大学生,义无反顾地跑到那里,将艰难的工作任务承担了起来。

在工作中,他一直保持这种"哪里困难,我就出现在哪里"的精神。这样,他不仅积累了丰富的工作经验,更是赢得了公司和领导的高度信任。

后来,30多岁的他,就升任为伊利集团的"掌舵人"。选择潘刚担任这一重要职务公认的理由是——"潘刚是一个永远把解决单位的困难，当成自己工作中心的人；也是一个永远经得住问题与困难考验的人！"

条件艰苦、吃糠咽菜都成奢侈的红军也走完了两万五千里长征。屡次被拒、推销了无数次炸鸡配方的哈兰·山德士上校也终于成了享誉世界的快餐红人。穷困潦倒、每天吃泡面的任贤齐还是红遍了大江南北。在困难面前，只要你的心态能够放正，只要你能够坚定信念走下去，那么就没有什么不可能。

可是，生活中总是有那么一些人：一方面，不愿意付出努力，看到问题就躲避；另一方面，看到有才能的人被破格提拔就牢骚满腹。他们是不是也该问自己一句："我能将解决问题放在第一位吗？我能无怨无悔地付出吗？"没有付出就没有回报，没有耕耘就没有收获，这是人们从小就应该明白的道理啊。

中国古代医药学家李时珍为了写《本草纲目》，跋山涉水30年；马克思整整花费了40年的心血，才完成了巨著《资本论》；伟大的德国文学家歌德创作《浮士德》用了50年的时间；著名科学家、气象学家竺可桢坚持每天记录天气情况，记录了38年零37天，其间没有一天间断，直到他去世前的那一天。

成功者之所以成功，都是付出了心血的，没有谁一开始就样样精通，这就好像一句西方谚语："你想站在台上接受鲜花和掌声，那么首先就要到后台去付出努力与汗水。"

下面还有一个故事和大家分享，相信读完之后，大家会对坚持又有另一种理解。

有一个性子特别急的年轻人去拜访一位朋友，他来到朋友住的楼下，按响了朋友家的对讲门铃。门铃响了两声，里面没有动静，他等不及了，就返身回家。刚刚走了几步，他又觉得这样回去不甘心，

于是又返回来重新按门铃。这一次他还是没有耐心，门铃只响了两下他又等不及了。但是走了几步，他又返回来了。

这次他刚把门铃按响，还没反应过来是怎么回事，就觉得脖子一凉，浑身上下被冷水浇了个透！

原来朋友一直在家，几次来开门外面都没有动静，他怀疑有人捣乱，就从楼上向下面泼了一盆冷水，作为报复。这样去按朋友的门铃会被泼一盆冷水，那么按命运的门铃，又怎能不被命运浇一盆冷水呢？

"咬住青山不放松，立根原在破岩中。千磨万击还坚劲，任尔东西南北风。"成功的道路是曲折的，如同山间小径一样。走这条路的人需要耐心和毅力，累了就歇在路边的人是很难到达目的地的。

在前进的路上，在奋斗的路上，在通向成功的路上，每一个人都要清楚并坚定地告诉自己：你能行。记住，除了自己，没有什么能阻碍你成功。

4.别害怕，要相信自己

你是否有过这样的经历：当同伴说你新买的衣服不好看时，你也会在心底产生小小的质疑；当你听到别人说自己画画不好时，会很沮丧，甚至对此失去兴趣。没错，人类是群居动物，很容易就被其他人的行为和言论影响。但如果你有胆量、够坚定，或许有的事情就远远不一样。

在今天，社会上的竞争越来越激烈，几乎所有的职场人都会有或多或少的恐惧感，工作力不从心、害怕被辞退、对过多的岗位选择显得无所适从、没完没了的加班和考试……这些不安使得人们对工作产生了抵触，甚至厌烦的情绪。

心理压力越大，工作中的恐惧感就会越强。对职场人来说，其职业恐惧是自己因为害怕失去现有职业而产生出的惶恐心态，虽然有时明知这种恐惧没有必要，但一想到要失业或要从事某种职业时仍控制不住恐惧、害怕。

不仅仅是职场，生活或社会中的其他事也一样是如此，人类的恐惧感与生俱来。从心理学角度讲，恐惧是一种重要且正常的心理反应，每个人都有其惧怕的事情或情景。恐惧心理的产生与过去的心理感受和亲身体验有关。俗话说："一朝被蛇咬，十年怕井绳。"心理学家认为，心存一点点恐惧有益健康，但害怕的心理加剧到某种程度，或达到变质的时候就变成病态了。

一旦有了恐惧的感觉，精神上就会产生恐慌、害怕、心烦、紧张甚至觉得大难临头，有窒息感、濒死感。对于这种体验，有人可能会用一些不利健康甚至违法的方式来缓解，其目的是假借外物缓解焦虑。但这些行为的效果却犹如抱薪救火，薪不尽火不灭，使焦虑和恐惧越演越烈。

可想而知，当你在为梦想努力和前行的时候，如果被恐惧和害怕挡住去路，变得不相信自己，那么机会还能够垂青你吗？

世界著名交响乐指挥家小泽征尔在一次欧洲指挥大赛的决赛中，按照评委会给他的乐谱在指挥演奏时，发现有不和谐的地方。他认为是乐队演奏错了，就停下来重新演奏，但仍不如意。这时，在场的作曲家和评委会的权威人士都郑重地说明乐谱没有问题，而是小泽征尔的错觉。面对着一批音乐大师和权威人士，他思考再三，突然大吼一声："不，一定是乐谱错了！"话音刚落，评判台上立刻报以热烈的掌声。

原来，这是评委们精心设计的圈套，以此来检验指挥家们在发现乐谱错误并遭到权威人士"否定"的情况下，能否坚持自己的正确判断。前两位参

赛者虽然也发现了问题，但终因趋同权威而遭淘汰。小泽征尔则不然，因此，他在这次世界音乐指挥家大赛中摘取了桂冠。

如果是你，你会在如此重要的比赛中坚定地说出自己的想法吗？你会在众多优秀、知名的评委面前指出他们的错误吗？如果你的回答是肯定的，那么恭喜你，你也有着成功的潜质，因为你具备了成功者必不可少的素质——克服恐惧，相信自己。

患有小儿麻痹症的她从小仿佛就是一个异类，不要说像其他孩子那样欢快地跳跃和奔跑，就连像平常人一样走路都做不到。寸步难行的她内心充满了悲观和失望，并且在孩子们的嘲笑中，她对恢复健康产生了恐惧，甚至是对生命本身产生了恐惧。无数个夜晚，她都泪流满面地坐在床边，任泪水滑过自己的脸颊。她甚至总是在想，为什么不生一场病或是出个意外死掉算了呢？

随着年龄的增长，她的忧郁和自卑感有增无减，甚至对所有接近她的人都很反感。但也有个例外，邻居家那位只有一只胳膊的老人却成为她的好伙伴。老人是在一场战争中失去胳膊的，她非常喜欢听老人讲故事。

这一天，她又和老人在附近的幼儿园旁碰了面，操场上传来的孩子们动听的歌声深深地吸引了他们。当一首歌唱完，老人微笑着对她说道："我们为他们鼓掌吧！"她吃惊地看着老人，问道："我的胳膊动不了，你只有一只胳膊，怎么鼓掌啊？"老人依旧满脸微笑，解开衬衣扣子，露出胸膛，用手掌拍起了胸膛……"只要努力，一只巴掌一样可以拍响。你一样能站起来的，请你相信自己！"这句话醍醐灌顶，在她今后的生活中总是不断萦绕在耳边。

那天晚上，她让父亲帮她写了一张纸条，贴在墙上，上面是这样的一行字:"一只巴掌也能拍响。"从那之后,她一反常态,开始配合医生做运动,不管多么艰难和痛苦,都咬牙坚持着。有一点进步了,她又鼓足信心和勇气去争取更大的进步。甚至当父母不在时,她自己扔开支架,试着走路。蜕变的痛苦是牵扯到筋骨的,她坚持着,相信自己能够像其他孩子一样行走、奔跑。她要行走,她要奔跑……

事实证明,她做到了。在11岁时,她终于扔掉支架,再一次向另一个更高的目标努力,开始打篮球和参加田径运动。

1960年,罗马奥运会女子100米跑决赛中,当她以11秒18的成绩第一个撞线后,掌声雷动,人们都站起来为她喝彩,齐声欢呼着这个美国黑人的名字:威尔玛·鲁道夫。

克服恐惧,所有人都能成就人生中的精彩,都能创造出无限的可能。但那些仅仅是个别人的传奇。如果你也想续写传奇,就不妨试试看下面的做法:

(1)知道自己擅长什么

大家所说的害怕,通常都会明显地表露在不自信的人身上,也就是说,当你自信满满时,恐惧就会远离你。而提升自信最快的方法,就是以己之长比人之短。平时可以多想想自己有哪些长处和优势,以自己的优势去比别人的短处,这样就会渐渐改变自己的心态了。

清楚了自己的优势,成功的机会就会多一些。多一份成功就多一份喜悦,多一份喜悦自然也就多一份自信。但你必须清楚:自信心的培养是从一次次小的成功开始的。同时,还应该明白:一个人要想根除恐惧、焦虑的阴影,就必须在建立自信的同时正视自己的不足。

(2)做一个"知者"

聪明很大程度上都是天生的,但知识却是后天积累的。如果将自己封闭在一个狭小的思维意识中,自然会在当今激烈的竞争中感到怯懦和恐惧。不

要为某一次待人接物不够周全而自怨自艾,也不要为一件事没按原计划进行而烦恼。

愚昧和无知是让人类产生恐惧感的罪魁祸首。所以想要忘掉恐惧,变得自信,就要学会做一个"知者"。扩大自己的知识面,可以提高对周围事物的认知能力,扩大认知视野,确立正确的目标判断,提高预见力,对可能发生的各种变故做好充分的思想准备。这样也就会无形中增强自己的心理承受能力。

(3)慢慢蚕食心中的恐惧感

人们通常会有很多种不同的恐惧感,这些恐惧有大有小,大到对死亡的畏惧,小到仅仅是不敢走夜路而已。所以,想要彻底与恐惧绝缘,就要先从容易的事情做起。在一次次小的成功中,自信心会一点点恢复。当你有了能够把一件小事做好的自信心,以后对于一些大的事情就可以慢慢做好了。

(4)相信自己

如果自己都不相信自己,那世界上还有谁愿意相信呢?一个人如果总感觉自己不如别人,尽管他实际上可能是有能力的,但他的表现会确实不如别人,因为思想主宰行动。一个人心里是怎么想的,他的行为就会反映出来,没有任何伪装能够把这种感觉长期遮盖起来。也就是说,一个人如果觉得自己缺乏独立思考和创新的能力,不可能超越其他人,那么他就真的缺乏主见,只能跟在别人的身后。

相反,一个真正相信自己有能力做某事的人,他就确实有这种能力。因为,如何思维决定你如何行动,如何行动将决定你取得什么样的成就。

醒醒吧,现在是一个自主的时代,是一个自我的时代,是一个敢想、会想才能成功的时代。做你认为对的事,别怀疑你自己的本领,这样才不会沦为平庸者。

5.没有人能从你手中夺走希望,除了你自己

在本节开始的时候,先来看这样一个故事。

在一片茂密的丛林里,四个皮包骨头的男子扛着一只沉重的箱子,跟跟跄跄地向前走着。这四个人是跟随队长进入丛林探险的,不幸的是队长得了重病,长眠在这片丛林中。

这只箱子是队长在临死前亲手制作的,四个人并不知道里面是什么东西。

临终前,队长对四个人说:"你们一定要向我保证,不管发生什么事情,一步也不能离开这只箱子。如果你们把箱子送到我的朋友麦教授手里,你们将分到比金子还要贵重的东西。我想你们会送到的,我也向你们保证,比金子还要贵重的东西,你们一定能得到。"

密林的路越来越难走,箱子也越来越沉重,四个人的力气却越来越小了。他们在泥潭中苦苦地挣扎着,有好几次他们都想要放弃那只箱子。但是想到箱子里面那比金子还贵重的东西时,他们便重新振奋精神,奋力前行。

这只箱子支撑着这四个人的意志,否则他们全都倒下了。

终于有一天,四个人历经千辛万苦,终于走出了丛林。他们急忙找到麦教授,迫不及待地问起应得的报酬。

教授说:"我是一无所有啊,噢,或许箱子里有什么宝贝吧。"于是当着四个人的面,教授打开了那只箱子。但是大家一看,就全都傻了眼,原来箱子里满满地装着一堆乱石。

"这开的是什么玩笑?"第一个人说。"这根本一文不值。"第二

第一章 信念,让一切都成为可能

个人吼道。"比金子还贵重的报酬在哪里？我们上当了。"第三个人愤怒地嚷着。

此刻，只有第四个人一声不吭，他想如果没有这只箱子，他们四个人或许早就倒下去了。于是，他站起身来，对伙伴们大声说："你们不要再抱怨了，我们已经得到了比金子还贵重的东西。"

那三个人连忙问道："是什么？"

第四个人眼含泪珠地说："是我们的生命。"

在绝境之时，如果心中的希望不灭，那么一切就都还有可能。你要知道，如果有人叫嚣着要夺走你的所有，那绝对是不可能的事情。因为，在这个世界上，就算它能够强大到主宰人的命运，却永远无法控制人的思想。心，是唯一一处属于自己领导、别人无法抢夺的东西。因而人们常说："只要有希望，你就永远不可能被打败。"现实生活中，很多人失败或者是颓废，并不是因为他们遇到的现实真的有多么的不幸，而是他们的双眼全部被悲伤、绝望蒙蔽了。

我们再来看看一个小故事。

有两个旅人在沙漠中行走，结果不小心迷失了方向。其中一个人跟同伴商量之后决定自己去找水，而同伴在原地拿枪等候。当然了，等候的人也有分工，他需要每隔一小时鸣一次枪，以此来告诉那个去取水的同伴归来的方向。六小时后，手握枪支的那个人看着静悄悄的四周，他不再相信同伴会归来，便把最后一颗子弹射进了自己的头部。而就在这时，前去寻水的同伴刚好翻过了那个沙丘，顺着枪声出现在了握枪者目所能及的地方。

没有等到同伴的救援，这不仅是信任的缺失，更是心中希望的磨灭。的确，大部分人在遭遇某种困境的时候，心里的无助很容易被无限放大，因为这个时候往往会以为自己处在了某个走投无路、孤立无援的境地，却不知道也许只需再坚持片刻，就可能出现转机。你看看那些股票一跌就选择轻生的人，他们的内心就是非常脆弱的。他们难道就没有想过，在他们纵身一跃，选择远离这个世界的时候，股票有可能会一股脑疯涨，那他们的决定岂不是很愚蠢？所以面对困境，不同的选择会出现不同的结果。乐观积极的人可以从中得到经验教训，悲观消极的人甚至付出了生命。因此，"生死一念之间"这句话并不为过。

如果这些还不足以让你警醒，那么再看看发生在中国的汶川大地震，相信你就会有所感触。

2008年5月20日18时45分，成都军区空军某训练团在四川彭州市龙门山九峰村营厂沟成功解救出了一位在汶川大地震中被困196个小时的60多岁的老太太，这位老太太名叫王有群，是汶川大地震中被埋时间最长的获救者。

不难想象，这个报道让国内外的新闻媒体震惊不已。

事后记者采访时了解到，地震发生的时候，王有群被垮塌下来的房梁砸伤了头部，但是她并没有倒下去，而是艰难地向外爬了800多米。等到解放军官兵发现她并解救她的时候，她的神志还是清醒的。这实在是让人惊讶。一个60多岁的老人在没有吃喝的环境中，竟然能坚持一个多星期，除了老人自己对于生的渴望外，那些解放军的坚持也是老人生存下来的原因。

在万念俱灰的时刻，你的身边或许躺着无数邻居、亲友的尸体，前一分钟还欢声笑语，这一分钟却阴阳相隔。房梁压在你的身上，地震还在大作余威，没吃没喝，缝隙间甚至能感受到震后雨水的刺骨，你是否还有勇气坚持下去，

你是否还会想这个老太太一样心中充满对生的渴望!

无独有偶,和王有群一样创造生命奇迹的还有一个人,他就是映秀湾水电总厂的马元江。他在得救前已经在废墟下被压了整整179个小时,但是他没有灰心失望,而是坚信自己一定能得救,正是他的这种执著,使他最终获得了重生。

压力、苦难、挣扎,没有什么能从你手中夺走希望,只有你自己。记住,只有在困境中不放弃心中的希望,绝望才会离你而去!

一步登天的例子太少,想要不付出辛苦就成功的例子更少,而失去希望还指望着能够得到垂青的例子就几乎是零。

重庆市力帆集团的董事长尹明善,虽然只有高中文化却取得了很大的成功。当他回想起二十几年前自己的创业路时无限感慨。那个时候的力帆远远不是如今这个模样,只是一个小作坊。后来经过了八年的奋斗,企业才终于从那条小巷子搬出。而在这期间,一拨儿又一拨儿的人因为觉得企业不会有任何的发展前途而离开企业另谋高就。只有尹明善从不放弃心中的希望,苦苦撑了下来。

后来的事实再一次证明:希望的曙光就在前面,只要你有足够的耐心去迎接。

希望是什么?它是人们对美好未来的憧憬,是人们对幸福生活的向往。当人们心中有了希望,并能够在生活中坚定这种信念,那么这种美丽的憧憬就会生根、发芽、开花、结果。因此,在前进的道路中,无论遇到什么艰难困苦都不能放弃。因为希望给人以动力,给人以光明。

谁都有过无力感，谁都想过要放弃，但面对挫折、困境，失去信念的人就真的放手了，而心怀希望的人又继续前进了，这就是心态上的不同，也是人生态度的不同。什么花开什么果，采取的措施不同，得到的结果自然完全不同。这就是为什么有的人总是能创造出奇迹，而有的人就默默地销声匿迹了。

那么如果你还想一鸣惊人，如果你还想被人刮目相看，你就知道现在该怎么做了！

6.肯定自己的优点

"To Be Number One"，人人都有成为第一的权力，都有成为最优秀的人的权力。但当你的社会经历还很稚嫩，当你的专业技巧还不够娴熟，当一切的一切都还不够好，你该如何让自己坚定地走下去呢？

> 在美国耶鲁大学的入学典礼上，校长每年都要向全体师生特别介绍一位新生。这一年，校长隆重推出的，是一位自称会做苹果饼的女同学。大家都感到奇怪：怎么只推荐一个特长是做苹果饼的人呢？最后校长自己揭开了谜底。

原来，每年的新生都要填写自己的特长，而几乎所有的同学都选择诸如运动、音乐、绘画等，从来没有人以擅长做苹果饼为卖点。因此，这位同学便脱颖而出。

这是一种天真和质朴，是一种可爱与俏皮，同时，更是一种坚持与自信。这特长虽然不伟大，不高贵，但是它照样可以让人开心一生，回味一生，甚至因此成就整个人生。因为，当她还不够优秀，还不足以成为焦点的时候，

她就做到了许多人一辈子都做不到的事情——不管怎样,都相信自己是最优秀的那一个。

再来看看一个"小倒霉蛋"的故事。

罗伯特似乎天生就不是读书的材料,无论他怎么努力,读起书来总是很吃力,功课也只能勉强跟上。而再看别的孩子,成绩总是很优秀,似乎并没有罗伯特努力,因为他们玩的时间比罗伯特多得多,但他们似乎天生就备受上帝的眷顾。罗伯特真是百思不得其解,但事实摆在眼前,无论他如何用功,成绩总是上不去。高中毕业时,他的班主任找他谈了一次话。班主任说:"罗伯特,我看得出来,你是一个非常努力的孩子,但你的学习却总是没什么进步。如果再这样学下去,你能肯定自己可以进入大学吗?"

其实,罗伯特还是很想读书的,他也很清楚自己的实力。就凭现在这个样子,他是无论如何也不可能继续深造的。于是,他很难过地低下了头,小声说:"我一直都很认真,我从不偷懒,可是我实在太笨了,根本不适合学习高深的知识。我想我的父母一定对我很失望,因为他们一直希望我成为一个有用的人。"

班主任似乎看出了他的心思,拍拍他的肩膀,斩钉截铁地说:"罗伯特,情况根本就不是这样的,你抬起头来看着我。"罗伯特虽然觉得十分羞愧,但还是缓缓抬起了头看着班主任老师。"罗伯特,不要灰心,别把自己看得一无是处。要记住,每一个人都有自己的优点,你当然也不例外。现在,我们只知道你的优点不在学习上,但这并不代表你没有优点。你的优点还隐藏在你身体里面,只是并没有表现出来或者表现出来了却不为人所知而已。那么,罗伯特,你的优点到底是什么,这得由你自己去发掘。努力吧!老师相信,总有一天你的父母会为你感到骄傲的。"班主任盯着罗伯特的眼睛，很诚挚地说了这番话。

　　罗伯特得到了巨大的精神动力，他不再为学习不好而痛苦，因为他似乎感到自己身体中的优点与潜力在等待着他的激发。高中毕业后，罗伯特没能升入更高学府，所以不得不出外谋生。为了养活自己，他曾经从事过各式各样的工作，如推销员、水泥工、送报人，等等，不过，他并不喜欢也不适合做这些工作，因此都做得不长久。但尽管如此，他仍没有放弃找寻自己的优点，更没有再怀疑过自己的能力。

　　最后，他得到了一份修剪花草的工作，从第一天起，罗伯特就喜欢上了这份工作，而且，他的园艺技术棒极了，经过他整理过的园圃，常常引来一片赞美声。后来，他被人们亲切地称为"绿拇指"，大家纷纷来找他修剪自己的园圃。这时候，罗伯特终于真正弄懂了老师的话。是的，每个人都有自己的优点，我也有，我的优点就是修剪花草，而且我一定是最棒的那一个。从此，罗伯特做起事来更加卖力了，他要用自己的优点给别人带来美丽。

　　有一次，罗伯特经过市政府门前的时候，发现市政府门前那一片荒地和周围的环境很不协调。罗伯特想了想，如果把它改造成花园就美丽多了。于是，罗伯特马上去找参议员，向他提出了自己的建议。

　　"其实我们已经注意到这个问题了，我们也想改造它，可是有困难。首先，没有人愿意接这份工作；其次，我们根本拿不出钱来。"参议员听了罗伯特的建议，无可奈何地说。"是吗？参议员先生，不用着急，你说的这些困难现在都解决了。首先，我愿意接下这个工作；其次，你们不用给我钱。"罗伯特很诚恳地回答。

参议员很吃惊,他还从来没有遇到过这种办事不要钱的人。然而,当确信罗伯特真的愿意义务改造荒地时,他不禁喜出望外,马上就带罗伯特去办理各种手续。

说干就干,第二天,罗伯特就带了工具动手做起来。首先,他在空地上种了几棵树苗,接着又从朋友那里弄来了各式各样的花卉精心栽在树的周围。刚开始,整片空地上只有罗伯特一个人在忙碌着,后来人竟然越来越多。原来,很多人听说了罗伯特的事情,都主动前来帮忙。有的人提供各种花苗,有的扛来了优质化肥,什么也没有带来的人就帮着扶树苗、填土,空地上一片热闹景象。

就这样,一段时间以后,一个美丽的花园就奇迹般地出现在市政府前面。绿茵茵的草坪、娇艳美丽的鲜花、沁人心脾的芬芳,过往行人无不为眼前美景所吸引,驻足观赏,孩子们更是高兴地在其间追逐嬉戏。当大家得知花园的来历时,无不夸赞罗伯特做得好,一时之间,罗伯特在这里成了家喻户晓的名人。

此时,罗伯特经过潜心钻研,已经成了一位著名的园艺家。

每个人都有优点,长相出众是优点,才华横溢是优点,善良纯真是优点,口才过人是优点,甚至你身体健康、四肢健全、心态良好这些都能够是优点。你不会做苹果派没有关系,会买外卖就行了;你不会人情世故没关系,能享受孤独就行了。每个人都会有自己的优点,有时是因为隐藏在身体里面并没有表现出来或者表现出来了却不为人所知。找到自己的优势,并努力发挥它,相信一定会像罗伯特一样收获一片属于自己的美景。

第二章 是苦难也是机会

1.不要为凋零的花朵而哭泣

聪明的人不会因为花朵的凋零而哭泣,因为凋谢的的花会在乍暖还寒时再次绽放。而愚笨的人经常会给自己设定一个枷锁,永远沉浸在过去的痛苦中,长此以往,摆脱不了心中的阴影,也无法走向成功。

有一个人,他非常享受以前的生活,也非常留恋过去,不肯接受已发生的事实,总是觉得事情会随着自己的意愿发展。

实际上,无论你怎么为凋零的花朵哭泣,都不可能再回到从前。长时间沉浸在失去的痛苦中,不仅不会带来收获,还有可能加大你的损失。因此,只有正确的面对现实,才有可能弥补之前的损失。否则,只会在不甘心的同时,将自己的生活弄得更加悲惨。

很久很久以前,有一个狩猎的人捕获了一只能说会道的鸟。一天,这只鸟对猎人说:"如果你把我放了,我将给你三条忠告。"
猎人说:"可以放了你,那你得先告诉我那三条忠告。"
小鸟说:"好吧。做事不要后悔,这是第一条忠告。"
猎人同意地点了点头。

小鸟接着说："如果有人告诉你一件事,你认为是不可能的,那就千万别相信。这是第二条。"

猎人又同意地点点头。

小鸟接着还说："当你爬不上去时,别费力去爬。这是第三条。"

听完这三条忠告,猎人将小鸟放了。

得到自由的小鸟很快飞到一棵大树上,它向猎人大声喊道："你这个愚蠢的家伙。你放了我,但你并不知道我的嘴里有一颗价值连城的大珍珠。正是这颗珍珠使我变得聪明。"

猎人听了小鸟的话非常后悔,赶紧爬树去捉那只鸟,但是爬到一半的时候,他掉下来摔断了双腿。

那只小鸟冲着他嘲笑道："笨蛋!我刚才给你的忠告你全忘记了。我告诉你一旦做了就别后悔,而你却后悔放了我。如果有人对你讲一些你认为不可能的事,就别相信,可你却相信了我的话。如果你爬不上去,就别强迫自己去爬,而你却很倔强地来爬这棵大树,现在尝到了后果。"

有很多人听了这个故事,都能从猎人的做法中看到自己的影子。事实也是如此,现实生活中,有很多的人像极了这个猎人,一直沉浸在自己所做的后悔事中,结果情况越来越糟。

励志大师卡耐基曾在美国密苏里州办了一个成年人培训班,并在周边的各城市开设了培训班的分部。因为财务管理上的漏洞,使得学校几个月没有挣到钱,还赔了不少,日常的开销也需要一大笔钱,这些事情常常让卡耐基感到头疼。因此,他经常抱怨自己的以往的过失,在很长一段时间里都无法自拔,最后他找到了保罗·布兰德威尔博士诉苦。保罗博士给他讲了"小矮人的故事"。听了布兰德威尔老师的话，卡耐基恍然大悟。自此以后，他开始振作起来，再到后来，卡耐基取得了成功的事业。

过去的事或许你无法改变，但你可以尽自己的最大努力改变未来。有很多人总是无法忘记过去，无法剪掉往事留给自己的阴影，到最后闷闷不乐，以致一生中也没有做出什么事业来。

美国的新泽西州有一所特别的小学，这个小学有一个特殊的班级，这个班级里有26个孩子，曾经都犯过一些错误。他们有的吸过毒，有的进过少管所，家长、老师及学校对他们都非常失望，觉得这些孩子无药可救，甚至有过放弃他们的想法。在这个时刻，唯一站在孩子们身边的还有一位叫菲拉的女教师，她对孩子们不离不弃并对他们的前程充满希望。

菲拉老师在给孩子们上第一节课时，并没有像其他的老师那样先整顿纪律，而是用粉笔在黑板上给大家出了一道选择题，让学生们根据自己的判断选出一位未来能够造福于人类的人。这道题有三个选项，他们分别是：A 笃信巫医，有两个情妇，有多年的吸烟史而且嗜酒如命；B 曾经两次被赶出办公室，每天中午才起床，每晚都要喝大量的白兰地，而且有过吸食毒品的记录；C 曾是国家英雄，一直保持素食的习惯，不吸烟，偶尔喝一点酒，年轻时从未做过违法的事。

同学们不约而同地选择了C。

接着，菲拉开始公布答案：A 是富兰克林·罗斯福，担任过四届美国总统；B 是温斯顿·丘吉尔，英国历史上最著名的首相之一；C 是阿道夫·希特勒，法西斯恶魔。看到这样的答案，同学们都惊呆了。

菲拉老师说:"孩子们,你们的人生才刚刚开始,过去的荣誉和耻辱只能代表过去,真正能代表一个人的一生,是他的现在和未来。从现在开始,努力做自己一生中最想做的事情,你们都将成为了不起的人。"菲拉老师的一番话影响了这26个孩子一生的命运,其中就有今天华尔街最年轻的基金经理人,罗伯特·哈里森!

也许有很多人看到过这则故事,当你看到这些选项后,是否也像那些孩子一样吃惊呢?如果是,那么正好说明:过去的历史不能定格人的一生,只有未来的一切才是可以重写。过去的就让它过去吧,如果不满意你的过去,那么从现在开始可以规划你的未来。

哈利是美国的宣传奇才,在他十五六岁时,在一家马戏团干活,每天负责在马戏场内叫卖小食品。来看马戏团看戏的人并不多,掏钱买东西的人更是屈指可数。因此,很多小食品都很难卖出去。

哈利一直在心想:"如何才能突破既有的营业额呢?"终于有一天,哈利想出了一个绝妙的想法:如果向每一个买票的人赠送一包花生,那么可以吸引更多的观众。这个想法很快得到了老板的否定,他觉得哈利的想法太荒唐。为了说服老板,哈利用自己微薄的工资作了担保,恳求老板让他尝试一下,如果赔钱就从工资里扣,如果赢利自己只拿一半。哈利的想法实施后,马戏团的演出场地外就多了一个义务宣传员的声音:"来看马戏,买一张票送一包好吃的花生!"在哈利不停地叫卖下,观众比以前多了好几倍。等观众们进场后,哈利又开始叫卖起柠檬水等饮料,而绝大多数观众在吃完花生后觉得口干就会买上一杯饮料。运用这样的宣传手段,一场马戏演下来,马戏团的营业额比以前高出了十几倍,老板也非常高兴,并在心里暗自称好。

哈利凭着敏锐的商业销售意识，运用绝妙的方法改善了马戏团的生意，也改变了过去的不利因素，从而增加了食品的销售额。

2.只有经历过失败的痛苦，才会更加成熟

任何人的一生都不可能事事顺心，都会遇到或多或少的困难，面对困难要坚强。因为只有经历了失败，才会更加成熟。

在古代，有一处荒地新建了一座寺庙。经过一定的工期后，寺庙建好了，周边的善男信女们都觉得寺庙里少了一尊威严的佛像。于是，大家就四处打听，想要寻找一位技艺高超的雕刻师以帮助他们雕刻一尊精美的佛像。

这件事被法力无边的如来佛祖知道了。于是，如来派了一个擅长雕刻的罗汉化身为雕刻师来到了新建的寺庙附近。善男信女们也很快地找到了这位罗汉。罗汉选了一块质地非常好的石头，开始进行佛像的雕刻了。可是，他刚拿起凿子没凿几下，这块石头就喊起痛来。罗汉对它说："忍着点，如果我不好好地雕刻、打磨你，你如何能够得到人们的尊敬呢？"接着，罗汉又一次动手雕刻，但这块石头仍然哀号不已："痛死我了，痛死我了。求求你，饶了我吧！"罗汉实在忍受不了这块石头的叫嚷，只好停止了工作。后来，罗汉只好选了另一块质地远不如它的石头来雕琢。这块石头因为能被罗汉选中，感激不已，它深信自己一定能被雕成一尊精美的佛像。这块石头非常坚强，不管罗汉怎么雕刻、打磨，它都忍着不说一个"痛"字。

没有不可能……
MEIYOU BUKENENG

没过多久，这块石头就被罗汉雕刻成了一尊肃穆庄严的佛像，人们看到这尊精美的佛像都赞不绝口。渐渐地，这座庙宇的香火越来越旺，为了方便善男信女们行走，那块怕痛的石头被工人们搬去修路了。由于当初受不了雕琢之苦，现在它只得被人踩来踩去。看到那尊雕刻好的佛像被人们顶礼膜拜时，怕痛的石头心里实在不是滋味。于是，它愤愤不平地对路过此处的佛祖说："佛祖啊，我不服气！您看那块石头的质地远不如我，现在却享受着人间的膜拜，而我每天不仅要忍受日晒雨淋，还要被人踩来踩去，这太不公平了？"

佛祖淡然一笑说："那块石头的质地确实比不上你，它之所以有今天，完全是来自一凿一刻的雕琢之痛啊！是你自己忍受不了雕琢之苦，才得到这样的命运，这完全是你的造化呀！"

没有经历过失败的命运，又如何去承受成功。其实，每个人都如同佛祖脚下的一块石头，想要享受成功，就必须承受常人难以承受的痛苦。这样，才能拥有一番成就。

1985年，俞敏洪从北京大学毕业了，身边的其他同学都选择了别的出路，而俞敏洪留校做了英语教师。当时留学热潮刚刚兴起，看着同学们一个个都出国深造了，俞敏洪突然觉得自己的前途黯淡无光，他不安于做一名教师，于是也开始准备出国。努力了三年，终于有一所美国的大学答应给他提供四分之三的奖学金。可是即使如此，他还需要自己出四万元人民币的学费，为了筹集这笔学费，俞敏洪常在校外兼职，最后离开了北大。

离开北大后，俞敏洪开始着手创办新东方英语学校。因为资金短缺，最初创建的新东方教室只是一间租来的十几平方米的平房。

为了招到学生，在零下十几摄氏度的冬夜，俞敏洪拎着糨糊桶，骑着自行车在中关村的大街小巷张贴小广告。有时广告还没有贴完，桶里的糨糊就已经冻成了冰。经过一段时间的招生，前来报名的学生还是寥寥无几，最后俞敏洪只好通过降低学费来吸引学生。新东方开办了一段时间后，大家发现这所学校不仅学费低，而且教学质量高。随后，来学校学英语的学生慢慢地变多了。

经过多年的努力，新东方英语培训学校目前已经成为享誉全国的英语培训学校，从这个学校走出的留学生不计其数。而当初俞敏洪正是因为出国未果才"被迫"创办了新东方。假如俞敏洪在创业之初没有经受起失业和招不到学生的困境，没有在穷途末路选择坚持，那他无论如论也不能取得今天的成功。

因此，在创业中，一定不要被挫折和困难吓倒；相反，要把挫折和困难当做成功中的一种考验。只有这样，才能在困境中找到出路，谋求事业的发展。

帕格尼尼是意大利小提琴演奏家、作曲家，同时也是一位意志力非常坚强的人。在4岁时经历的一场麻疹和强制性昏厥症使他病入膏肓，经过几番周折之后，才从死神中将他抢救过来。在他7岁时又患上严重的肺炎，不得不进行放血治疗。没多久，他的牙床突然长满脓疮，只好拔掉几乎所有的牙齿。中年时，他又染上可怕的眼疾，幼小的儿子成了他唯一的依靠。到50岁后，关节炎、肠道炎、喉结核等多种疾病缠绕着他的身体，吞噬着他的生命。到后来，声带也坏了，最后只得让儿子按照自己的口形翻译自己的思想。

帕格尼尼在世人的眼里影响深远，在艺术界堪称为艺术大师。他3岁学琴，12岁举办首次音乐会并一举成名。在他的人生旅途中，

他的琴声遍及法、意、奥、德、英、捷等国。他的演奏使当时的首席提琴家罗拉惊异地从病榻上跳了下来。他的琴声使卢卡观众欣喜若狂。在意大利巡回演出的演奏产生了神奇效果，人们到处传说他的琴声仿佛拥有魔力，美妙动听，令人回味无穷。维也纳的一位盲人听了他的琴声，以为是乐队在演奏，当得知台上只是他一人时，大叫"他是个魔鬼"，随之匆忙逃走。巴黎人为他的琴声所陶醉，来不及顾上流行的霍乱，义无反顾地参加了帕格尼尼的演奏会。帕格尼尼在演奏时，不但用独特的指法和充满魔力的旋律征服了整个欧洲和世界，而且还发展了指挥艺术，创作出《随想曲》《无穷动》《女妖舞》和6部小提琴协奏曲及许多吉他演奏曲。欧洲大部分的文学艺术大师，如大仲马、巴尔扎克、肖邦、司汤达等都听过他的演奏，他们都为帕格尼尼的出色演奏感到激动。著名的音乐评论家勃拉兹称他是"操琴弓的魔术师"。歌德评价他："在琴弦上展现了火一样的灵魂。"匈牙利的音乐活动家李斯特听到帕格尼尼的演奏后大喊："天啊，在这四根琴弦中包含着多少的苦难、痛苦和受到残害的生灵啊！"可以说，李斯特也是非常崇敬这位伟大的艺术家的。

　　帕格尼尼的人生既坎坷又精彩。由此可知，苦难和挫折从来都不是限制自我潜能发挥的障碍，只要勇敢地面对困难，不畏艰难险阻，就能顺利地走向辉煌的人生。

　　无论你是谁，只要生活在这个世界上，就会遇到各种各样的困难。这些困难，在勇敢坚强者的眼里是前进的动力，在懦弱者的心中是无法逾越的鸿沟。因为他们习惯性地高估一切困难，所以，他们一事无成。一个有着坚定不移的信心、坚韧不拔的毅力、坚强不屈的精神的人，能够使最困难的事情逐渐变成最容易的事情，把不可能实现的事变为可能，最后走向成功的彼岸。

第二章 是苦难也是机会

阿迪·达斯勒是阿迪达斯的创始者，是一位拥有运动员身份和鞋匠技术的德国人，是现代体育工业的始祖。他凭着不断的创新精神和克服困难的勇气，终身致力于为运动员制造最好的产品。在运动用品的世界中，阿迪达斯一直象征着一种特别的地位。

阿迪·达斯勒在很小的时候就追随着父亲学习祖传的制鞋手艺。在一个偶然的机会中，他看重了一个店面。因为家境并不宽裕，他以分期付款的方式买下了这个店面。接着，他从父亲作坊搬来几台旧机器，和哥哥鲁道夫一起开始办起"达斯勒制鞋厂"。建厂初期，他们以制作拖鞋为主，由于设备陈旧、经验不足又不懂市场，做出来的鞋子款式陈旧，销量很差。面对出师不利的困境，他们并没有打退堂鼓，而是想方设法找出问题的根源。兄弟俩认真地进行了市场调查，最后决定立足于普通的消费者，打算生产出既舒适又耐穿的运动鞋。这样不仅可以抓住消费者的主力，而且有利于稳定业绩的增长。

为了更好地工作，他们把自己的家也搬到了厂里，在厂里一住就是一个多月。功夫不负有心人，终于生产出式样新颖、颜色独特的跑鞋。接着，兄弟俩带着新鞋上街推销，人们对鞋的样式大感新奇，争先恐后地想一睹鞋子的真面目。在街上看鞋子的人多，然而真正掏钱买鞋的人却很少。兄弟俩四处奔波了好几天，最后都以失败告终。

面对市场的无情，严重地打击了兄弟俩的自信心，他们该怎么办？是自暴自弃、放任自流，还是迎难而上？兄弟俩很不甘心，他们仔细分析了市场的形式和自己工厂的现状，最后，他们找到了可行的办法。

第二天，他们把鞋子送往几个居民点，让用户们免费试穿，觉

得满意后再向鞋厂付款。一个星期过去了,用户们毫无音信。两个星期过去了,还是没有消息。兄弟俩心中都有些焦躁,有点坐不住了。在焦躁不安的等候中,又一个星期过去。终于在第五个星期到来之前,迎来了第一个试穿的顾客,他非常满意地告诉兄弟俩,鞋子穿起来非常不错,感觉非常舒服。随后,其余的试穿客户也陆续找到兄弟俩。一时之间,他们的厂房门庭若市。鞋子的销路就此打开,小厂的名字也是声名鹊起,名声大振。

兄弟俩在异常困难的环境下坚持了下来,同心协力攻破了资金不足、经验不足、信誉缺乏的种种困难,最后建立了地位稳如泰山的鞋厂。

每个人都会经历困难,勇敢地克服困难并从这个过程中找寻到生存的法则,是聪明人所办的事。还有一部分人将困难看做是绊脚石,只会在其中蹉跎时光,最终一无所得。因此,在面临困难时,要敢于承担,力求在困难中寻找突破口。只有这样,才能赢得机会,把握最后的成功。

面临时代的快速发展,一部分人通过自己的智慧和能力,取得了事业上的成功,也有一部分人因为困难的袭击最终一蹶不振。所以,要勇于挑战困难,并在困难中不断寻找方法,这才是成功的有效途径。

3.苦难所释放的能量

苦难是一种力量,能磨炼一个人的意志,能够帮助成就大事业的人积聚能量。一旦时机成熟,便可爆发出令人难以置信的威力,带领你走进梦寐以求的成功殿堂。

第二章 是苦难也是机会

拿破仑是法国近代资产阶级军事家、人类奇迹的创造者。他出生于一个没落的科西嘉贵族家庭，很小时候，父亲就将他送进了贵族学校。那里的学生大多是极其富有的，他们大肆讽刺他的穷苦，以此来羞辱拿破仑，从而让自己得到快乐。

拿破仑感到愤怒，但又无可奈何，他下定决心改变这种状况。整整5年，他屈服在权贵之下，忍受着嘲笑和欺辱。但是，每一次的羞辱和蔑视都使拿破仑增加了决心，他要为自己争气，并发誓有朝一日得超过他们，好让他们对自己另眼相看。

说起来容易，但在实际工作中并不是一件十分容易的事情。他必须规划自己的人生，利用那些傲慢的人作为桥梁，将财富和名誉争取到。在16岁那年，拿破仑便当上了少尉。在这一年，他遭受了父亲去世的打击，不得不从自己少得可怜的薪金中省出一部分以帮助母亲生活。

没过多久，拿破仑接受第一次军事征召，他步行到遥远的瓦朗斯部队。因为出色的表现，他有幸得到一个职位，但是，贫困却让他不得不将争取到的职位放弃。于是，他决定通过其他方式来争取自己想要的东西。拿破仑开始埋头苦读，他想向全世界的人证明自己的才华，用实力与别人公平竞争。面对狭窄的房间，他别无选择，但他拥有拼搏的精神。他知道，要想摆脱这一切，想要谋求上天的帮助那是不可能的，只能靠自己的努力去争取想要的一切。

转眼之间，拿破仑阅读了大量的书籍，边读书边做笔记。据考察，他从书中阅读并抄写的笔记经过整理就有400多页。拿破仑将自己想象成总司令，将科西嘉岛的地图画出来，并且在上面清楚地标明哪些位置应当布置防范，这是运用数学经过准确地计算得出的，也是他第一次向别人展示他的数学才能，向别人证明他的能力。是

金子总会发光。终于，他出众的能力被长官看好，派给他一些工作。拿破仑将那些极其复杂的工作做得非常出色，就这样，他为自己争取到了新的机会，他的事业蓝图就此一篇一篇地打开。

拿破仑通过努力终于扭转了他的不幸，之前挖苦拿破仑的人转变了态度，他们亲近拿破仑，希望能分享他的奖金；之前轻视他的人现在都希望能与他成为朋友；从前嘲笑他身材矮小的人，现在都懂得尊敬他。拿破仑将那些看不起自己的人都变成了自己的拥护者。挫折在见到拿破仑后，消失得无影无踪。没有人能够总是一帆风顺，甚至有的人从一开始，起点就比其他人低，正是那些不计其数的挫折和逆境，造就了不同凡响的成功的人物。

另外，当一个人遇到挫折后，还需要有勇气去正视它。只有勇敢地正视问题，才能得到问题的解决方法。

有一位著名的企业家，名字叫波·皮巴迪。他的身价在27岁那年就达到了数百万美元，1998年，他以5800万美元的价格将创立的第一家公司三脚架（Tripod）公司卖给了莱克斯(Lycos)。迄今为止，皮巴迪旗下已有十四家创投基金，资金总值超过2.5亿美元，他的创业道路让人拍手称快。

莱克斯以公司股票的形式将5800万美元支付给了皮巴迪。拥有先见之明的皮巴迪在股市遭受重挫之前，将手中一半的股份以3亿美元抛出。皮巴迪非常喜欢"不"这个字，一般的人都喜欢得到肯定的答案，如果听到"不"字，多少会令人感到沮丧，而皮巴迪却有不一样的想法。

皮巴迪还有一段传奇的经历，美国最著名的文理学院是威廉姆斯学院，那所学校简直是世界上入学条件最苛刻的高等学府之一，如果有一千个人向自己的老师咨询自己是否够资格申请威廉姆斯，那么将有一百人经过深思熟虑之后才会准备申请，之后，只有五人能够正式提出申请，而进入学院的仅仅是一名幸运儿。并不是不能申请，只是对于大多数人来说，"申请"是被动地等待学校接受，这个词对于一个人是毫无希望可言的。皮巴迪和其他人一样，没有进入这所高等学府。也是在那个时候，他在自己的记忆深处留下了"不"字，并经过时间的推移使他爱上了这个字。

在皮巴迪收到薄薄的信封后，打开了信件，信件里所写的内容既没有注明开学的时间，也没有注明宿舍的信息，取而代之的是那些华丽的辞藻、严谨的措辞。如果去掉那些委婉的语言，直奔主题找问题，那只能找到唯一的一个"不"字。

皮巴迪的内心也很明白，威廉姆斯学院精英云集，招生委员们见多识广，他们的见闻无奇不有。因此，皮巴迪拨通了招生委员会副主任的电话，那位副主任名叫科尼利厄斯·雷福特，皮巴迪大胆而直接地对雷福特说："您好，我是波·皮巴迪，我不接受你们的拒绝。"

这么标新立异的语言他们还是第一次听到，电话另一端接着是长时间的沉默，"很抱歉，你能重复一遍吗？"雷福特说。"我想上威廉姆斯学院，"皮巴迪继续说，"原谅我的冒昧，我相信招生委员会犯了个错误，我打算和你们一起来纠正这个错误。现在我正式提出，我并不接受你们的拒绝。我会进入威廉姆斯，也许不是明年，但是，总会有那么一天。我并不着急，我有很多时间，我每年都会向威廉姆斯学院递交申请书，直到你们接受我为止。"电话的另一头又是长久的沉默。雷福特说道："对于你对威廉姆斯的渴望我十分欣赏，我

第二章 是苦难也是机会

想我从来没有接到过这样的电话,那么就做些什么来证明吧。"经过坚持不懈的努力,终于,皮巴迪如愿以偿地进入了威廉姆斯学院,最后,皮巴迪还与威廉姆斯学院的一位教授共同创立了三脚架公司。

如果你的耳边听到了别人对你说"不"的声音,那你需要提高警惕,在这关键时刻要开始奋力进取。因为总在平坦的道路上行驶是一件危险的事情,当你习惯了平坦,就不会去在意路途的坎坷,也会因此放松警惕。但是,人生的道路上不可能总是平平稳稳,如果不想在挫折上重重地摔跤,那就应该积极地面对挫折。磨炼能让一个人变得更强大,也能让一个人在事业的道路上越走越轻松。

不经历风雨,如何见彩虹。有的事情或许不是你想要的结果,但它会经常出现在你的眼前。既然这样,那就留下它吧,通过自己不懈地努力,让一切的不顺心得到最圆满的结果。

4.有失意,也有得意

并不是所有的道路都能通向成功,也不是每一次努力都有回报,只有保持好心态才能在绝处逢身之际,把握住成功。

没有谁能预算出生命的运转方向。某天,有一艘载满乘客的小船在海上航行。突然,肆无忌惮的海风袭击了船上的所有乘客,待风平浪静之时,船上只有一位幸存者。他的船只慢慢地漂到了一个荒岛上,于是,他每天做祈祷希望有别的船只从这里经过,好让自己脱离苦海。

为了抵御风暴,他在荒岛上搭建了一个小茅屋,并在屋子里储存了食物。一天，他外出找食物。等他回来时，发现小茅屋起火了，顷刻间，浓烟滚滚。当时，他的整个脑细胞突然短路，生存的唯一希望都没有了，之后昏了过去。直到第二天早上，一艘驶向小岛的轮船声音唤醒了他。他不敢相信自己的眼睛，还以为自己在梦中。他掐了一个胳膊上的肌肉，没错，确实是这艘船来营救他了。待靠近后，他问营救的人员："你们怎么知道有人被困在这里？"营救人员说："我们看到了浓浓的烟雾，便一刻不停地往这边赶来了。"

他长叹了一口气，真幸运！那场几乎让他绝望的大火居然救了他。

很多时候，都是祸兮福之所倚。

有一位成功的商人，名字叫麦士。经过自己的努力，在短短的几年里，从一个穷苦的农民，一下子跻身到富翁行列。不幸的是他患上了白内障，视力严重受损。那段时间里，麦士最想做的事就是读书。可是视力的限制，却让这件简单的事无法实现。极具商业敏锐性的麦士决心找出一个可以让视力不好的人的读书方法。他开始进入研究状态，历时近一年的时间，终于在一次探索中发现在纸上印粗线条的斜纹字体，这种字体不仅有助于视力缺陷者进行阅读，而且还能提高阅读速度。于是，麦士把这组新研究出来的字体整理妥当，计划全面推广。为了更好地工作，麦士在加州自设印刷厂。这种特别印刷而成的书一经面世，就受到了广大读者的欢迎。一个月内，麦士便接到了70万本的订单，他的事业从此以后也是如日中天。

因此，在任何时候都不要对人生失去希望，也不要觉得自己无路可走。只有继续前行，才能发现上帝为你精心准备的礼物。

史玉柱是安徽怀远人。经过勤奋地学习，史玉柱最终以全县高考总分第一的成绩考入浙江大学数学系，毕业后被分配到安徽省统计局工作。由于工作出类拔萃，他被送往深圳大学进修。在进修结束后，史玉柱有了经商的强烈想法。因此，他从家里拿着东拼西凑的4000元现金，开始了他的经商之路。时间飞逝，转间就过了9个月，在这期间，他开发出了M-6401桌面排版印刷系统。之后，他又利用《计算机世界》进行先打广告后收钱的时间差，给他的"产品"做了一个8400元的广告。13天后，史玉柱收获了15820元的回报，接着，又用4000元广告费换来了100多万元的回报。有了财富资本的史玉柱于1991年创办了珠海巨人新技术公司，之后又有了8个分公司，最后实现了利润3500万元。

时代需要前进，企业也需要发展。到1994年，巨人汉卡失去了存在的意义，如果继续从事软件开发，公司肯定会走下坡路，史玉柱大伤脑筋。经过调查研究，史玉柱发现了市场上新走俏的产品是保健品，于是史玉柱开始把一部分注意力转向了保健品，他开始了脑白金的项目。经过一年多的努力，巨人再次成了保健品业的领头羊，史玉柱也因此被《福布斯》列为大陆富豪第八位。由于史玉柱决定将保健品方面的资金全部调往巨人大厦，结果，保健品业务"失血过多"，再加上管理不善，巨人集团轰然倒塌了，史玉柱也因此背负了2.5亿元的债务。回想起那时的光景，史玉柱说："那时候已经穷到把刚给高管配的手机全都收回变卖，而且大家很长时间都没有领过一分钱的工资。"痛定思痛后，史玉柱开始从各个方面找问题，最后,他开始了另一段"网络"征程,这一次又大获成功。

史玉柱之所以在绝处中逢生,最直接的原因在于他遇事从不绝望,因为有这一点,所以,他的成功也是顺理成章的事。

因此,想要成功,就要不停地追逐你的梦想。只有这样,才能在一扇梦想之门关闭之际找到另一扇可以开启事业的大门。

英国著名的圣劳伦斯美术学院是很多莘莘学子梦寐以求的大学。该学院的入学考试时间是每年的五月份,在那里考试的学生,每个人的心里都怀揣着对绘画的彩色梦想,而这所美术学院为他们实现梦想提供了良好的平台。

考试开始后,考生们在画室里认真地描绘自己的作品。教室里的考官们也深知每个学生的梦想,他们也为这些孩子感到骄傲。当然,成就梦想需要条件。只要勇敢地面对现实,即便无法完成梦想,上帝也会为你的精神所感动,或许会为你开启另一扇梦想之门。第一天是素描考试,考官们的心里都有了人选。因为从画室的一头走到另一头,这些孩子们的作品早已在考官的心里打上了不同的分数。所以,他们会在第二天的色彩考试中特别关注那些在素描考试中的孩子。其中,威尔斯考官是油画系的,他注意着昨天挑中的学生,经过一个学生的身边时,一些特别的颜料引起了他的注意。他所见的颜料不同于市面上出售的颜料,每个代表颜料颜色的包装都被拆掉,被人贴上了写有颜色名字的标签。更令人觉得奇怪的是,那个孩子半掩着的颜料箱里,有一张写得密密麻麻的小纸条。威尔斯仔细盯着纸条看了一会儿才看清楚上面写着:苹果是红色的,梨子是黄色的,葡萄是绛紫色的等。威尔斯教授疑惑地抬起头来看着那些

画画的孩子，竟发现这名学生正是他昨天认为最有潜力的学生，他的素描作品极其出色，有着扎实的基本功，清晰整洁的构图，细腻的光影过渡。每一个细节都近乎完美。在昨天，这名学生作画的时候，眼睛里放射着光芒，到了今天，这个孩子颤抖地握着画笔，表情凝重，眼神如同死灰一样黯淡，时不时地还会因紧张吞着口水，与昨天的表现相比简直判若两人。威尔斯在考生中来来回回地观察，突然间明白了什么。之后，他在考场里平静地监考着每一位考生。

没过多久，圣劳伦斯美术学院在网站上公布了新生录取名单。威尔斯忙碌了一整天，在离开学校的时候，他在校门口看到了那张熟悉的脸。一个瘦高的大男孩不断向学校里张望，眼神中充满了失落和无奈，心中却拥有一丝渴望。

"嗨！小伙子！"威尔斯走过去跟男孩打了个招呼。

男孩有点紧张，颤巍巍地回答道："嗨！"

"我叫威尔斯，是这所学院的油画导师。"威尔斯边说边伸手。"我叫杰克，我……我是个落榜生。"男孩边说边低下了头，而威尔斯脑海中又浮现出几个星期前这个男孩紧张得额头流汗的样子。"跟我来，小伙子。"没等男孩回答，威尔斯用他的大手揽住男孩的肩膀，就像揽住自己的孩子一样。杰克被威尔斯带到一个类似小型车间的地方。门被打开的一刹那，杰克突然怔住了，这里简直是个小型美术馆，到处都是绘画和雕塑作品，并且都是上乘之作。他在门口几乎看傻了，威尔斯叫了杰克好几次，他才推门进去。

威尔斯接着给杰克拿了一套咔叽布工装，两人穿戴整齐后，威尔斯才带着杰克进了陈列间里的一个工作室。还没等杰克反应过来，威尔斯就递给他一个调色盘，指着一个画架让杰克画放着的一组静物。面对眼前的这一切，杰克猛然间乱了方寸，完全不知道自己该做些什么。威尔斯帮杰克打破了尴尬局面，开口说："和我聊聊你为什么喜欢画画？"这句话让杰克的心得以平静。他开始跟威尔斯滔滔不绝地谈论起举世闻名的绘画大师，谈论大师们的作品，他们的绘画风格、出神入化的色彩运用。渐渐地，杰克越来越没有精神，他觉得自己就像是在背书一样，将那些从绘画典籍中看到的关于色彩的评说以及那些美妙的变幻莫测的颜色背出来，画笔和调色板从杰克的手中滑落下来。他低着头，一颗颗晶莹剔透的眼泪刷刷地掉了下来。

威尔斯移动脚步，走到了杰克身边，接着说："你知道吗，最开始，我最大的梦想并不是成为一名画家，我曾经的梦想是站在篮球场上做一名职业球员。"杰克擦了擦泪水，问："那你为什么没有选择篮球？"威尔斯把脸转向杰克，接着，轻轻卷起左腿的裤管。杰克十分诧异，那并不是一条腿，原来威尔斯的左小腿是假肢！接着，威尔斯拿出一块手帕蒙住杰克的眼睛，并把一个石膏像放到杰克的手里，说道："色彩固然有千变万化，但那并不是绘画艺术的全部；除了鼻子上的眼睛，画家的双手也是一双眼睛，用双手来'看'色彩也许会收到不一样的效果。"

从那天离别以后，威尔斯再也没有见过杰克。直到6年后的一天，威尔斯在报纸上看到了这样一则消息，那是关于巴黎现代艺术作品展的报道，文中这样写着："年轻的雕塑家曾经因为色盲症无法考取著名的美术学院，但在一名导师的启迪下，他用自己的双手代替无法辨别颜色的眼睛在雕塑界一举成名。他非常感谢这位给了自己方向的导师，虽然他没有给他上过一堂绘画课，但是却为他的梦想之门打造了一把宝贵的钥匙。"看到这段文字，威尔斯的泪水模糊了视线，他抬起头，在模糊的视线中，仿佛看到一个瘦瘦高高的身影向

第二章　是苦难也是机会

他走来。威尔斯也拿出另一只手想与杰克握手。

其实,每个人的心中都有自己的梦想,有时是因为没有成就梦想的条件。但需要拿得起放得下,在绝望中开启另一扇获得事业成就的梦想之门,这样,你的人生一样能够拥有精彩。

5. 内心的力量,主宰着困难的成败

每个人的心底都会埋藏着强大的力量,只有内心坚强,才不会被困难击倒。任何人都会经历失败,也会害怕失败,但这些都不能阻挡苦难的发生。如果不正面应对,极有可能加快苦难的步伐。因此,要用强大的内心,抵抗困难的入侵。

有一个人,他想快速地取得事业上的成功。于是,他向一位智者请教如何才能成功的问题。那位智者听了他的问题后,笑了笑,从包里摸出一粒花生递给了需要成功的人,并对他说:"你用力捏捏它。"那人用力一捏,花生壳马上碎了,露出了里面的花生仁。智者让这个人再用手搓搓它。那人又照做了,这时候,花生外面的红色种皮被搓掉了,只留下里面白白的果实。智者接着指挥那个人再用手捏它。那人使劲地捏,却怎么也无法把它毁坏。智者在一旁说:"再用手搓搓它。"可是,不管那人怎么搓也搓不下来。这时,智者说:"你看到结果了,这粒花生仁虽然屡遭挫折,但它有一颗坚强的百折不挠的心,这就是取得成功的奥秘。"

智者的这句话理解起来很容易，但实际操作起来却很困难。在面对困难的时候，人性的弱点决定了很多人在受到长期的心灵煎熬时，会选择屈服，最后只能得到一个不太满意的结果。可是，人们又是那么渴望成功，希望自己能站在胜利的顶峰。在"屈服与百折不挠的心"的较量中，成功的人选择了后者，而失败的人选择了前者，这就出现了事业的分水岭。

有一个推销员，在很长的时间里过着清贫的日子。他整天抱怨上帝偏心，给了自己不公平的命运。在圣诞节前夕，家家户户都沉浸在佳节的热闹气氛中，推销员则独自一人坐在公园里的一张椅子上回顾往事。想起每年的圣诞节他都是孤单一人，既没有朋友，也没有礼物，他沮丧极了，恨不得脱掉脚上的旧鞋子。这时候，他看见一个年轻人自己推着轮椅艰难地从雪地上滑了过来。虽然地面很滑，还有一些小坡，但是他依然顽强地转动着轮子试图将自己推上去。周围很多正在玩耍的小孩子看见他笨拙的样子，都笑了。可是这个年轻人并没有理会，他仍然固执地转动轮子。最后，在孩子们的目送下，他竟然顺利地翻过了小坡。

看到这一幕时，推销员竟然看傻了，如果他是那个坐在轮椅里的人，他想他一定翻不过那个坡。单是小孩子们的嘲笑，就足以让他的内心自卑不已。可是那个年轻人却忘我地前进着，因为他的目标是翻过那个坡，没有什么能阻止这件事情的发生。自此以后，推销员嘴里少了抱怨，开始奋发图强，最终在事业的发展中取得了成功。

一个想要成功的人，需要经历不断尝试、屡败屡战的过程。在通往成功的路上可能会遇到很多困难，但只要迎难而上，就有可能接近成功。因为妥协只会让成功与你擦肩而过，成功永远属于内心强大的人。

第二章 是苦难也是机会

1904年9月29日，享誉世界的奥斯特洛夫斯基在乌克兰维里亚村一个贫困的农民家庭中降生了。贫寒的家庭并没有让他同其他孩子一样自暴自弃、顽劣不堪，而是让他从小就学会如何生活，如何进取。1917年，奥斯特洛夫斯基开始参加革命活动。到1919年7月，奥斯特洛夫斯基的家乡成立了共青团，奥斯特洛夫斯基成了第一代共青团员，并参加红军奔赴前线同白匪军作战。在一次激战中，奥斯特洛夫斯基的头部、腹部多处受伤，右眼因为受伤几乎丧失了80%的视力。严重的伤痛使得奥斯特洛夫斯基不得不离开队伍。然而，伤势刚刚有所好转，他就又回到了为革命服务的队伍中。奥斯特洛夫斯基最初在一家铁路工厂当助理电机师，后又自愿报名参加突击队，投入到修筑铁路的艰苦劳动中。在工地上，他染上了伤寒并患了风湿病，常处于昏迷状态。这场大病还未痊愈，他又参加了在第伯聂河抢捞木材的紧张劳动。在这次劳动中，他的风湿病更加严重，还引发了多发性关节炎、肺炎等。到1929年，奥斯特洛夫斯基不仅双目完全失明，而且全身瘫痪，但他一点儿也不悲观消沉，他说："只要心脏还没有停止跳动，就要让自己做一个对党有用的人。"正是这铁一般的信念和意志支撑着他，他开始在病床上从事文学创作。1934年，他出版了小说《钢铁是怎样炼成的》，这部作品在文学界引起了巨大的反响。

奥斯特洛夫斯基的人生是坎坷的，但他拥有不屈不挠的精神，从未向困难屈服过。从奥斯特洛夫斯基的经历中，人们看到了生命的真谛，也同他一起见证了生命不息、奋斗不止的可贵精神。只要你的内心拥有强大的力量，就能挫败一切的艰苦困难，也能让人生的旅途过得有价值。

内心拥有强大的力量尚且不够。在事业的发展中，还需要抓住最后的希望用力一搏，才能抵达成功的彼岸。

有一个年轻人，他的名字叫山木。为了事业的发展，山木来东京投奔一个朋友，见到朋友后，让他备感意外的事发生了。朋友对他的态度异常冷漠，如果不是因为这位朋友，山木也不会从名古屋一时冲动地跑到东京。山木在来之前还对家人信誓旦旦地说：到了东京咱们家日子就好过了，不仅可以在朋友的公司里找到事做，而且还能把妻子接到东京来。现在看来，只是山木的一相情愿。朋友只抬头看了山木一眼，脸上马上就露出让山木都觉得没有一点希望的表情。朋友很快低下头对山木挥挥手说："我现在的确很忙，而且公司的状况也不是很好，你看你能不能找一些其他的事做做。"

山木无精打采地从朋友的公司走出来，他看着手里的手提电脑，当即决定不回名古屋了。如果这样回去，不但会让人看不起，还会让家人伤心，让他们觉得自己太没有本事了，竟然最要好的朋友也靠不住。他心想：凭着自己高超的电脑技术，在东京找份工作应该是绰绰有余。因为没有带足够多的钱，他现在租不起房子。但为了生存，他只能天天去各个公司推销自己。大多数的公司一听山木没有固定的住所，都毫不留情地拒绝了他。

当时的山木几乎一文不名，每天过着流浪的日子。开始的时候在火车站里过夜，后来火车站的工作人员对他熟悉之后，就一次次地把他从火车站赶出来。山木只能够像别的流浪汉一样钻进桥墩下的涵洞里过夜。在流浪期间，山木经常被看做是神经病，手里有手提电脑，把它卖了租间房不就解决工作了。可山木却对那些人说："不，手提电脑是我的命，要知道它可是我在东京有可能成功的最

后一根救命稻草，我绝对不会放弃它。"的确，这些日子，山木也正是凭着自己的技术用手提电脑给人设计名片、制作网页进而赚了点生活费，日子也慢慢地好起来了。

经过时间的推移，他觉得自己应该在东京立足。于是，他开始去寻找一份正当的工作，为了在面试的时候让人感觉到自己精神一点，每一次去面试之前，山木都会在公园的卫生间里用自来水清洗一遍。一天，正当山木在清洗自己的时候，两个上卫生间的年轻人竟然看中了山木放在旁边的手提电脑。山木一见小伙子的手伸向自己的手提电脑，就不要命地用身体去保护手提电脑，一边保护还一边大喊"抢劫"，后来山木虽然护住了自己的电脑，但他却挨了这两位小伙子的一顿暴打。跑进卫生间的人都用很奇怪的眼神看着山木，他们觉得这个年轻人太不可思议了，竟然为了保护电脑而不要自己的性命。

转眼之间，冬天到了，山木还是没有找到稳定的工作，四面透风的涵洞也越来越冷，山木只能提着手提电脑在地铁站里来回转悠。面对刺骨的寒风，山木还是不肯把手提电脑卖掉去换钱租一间房子暖和自己。他总是对那些劝他卖了手提电脑的人说："不，卖掉电脑我就没有机会了，手里的手提电脑，至少还能让我拥有机会。"认识山木的人都觉得他是个死心眼，也许正是这种死心眼的坚持，才让别人从他的电脑中看出他对设计的灵气，才有越来越多的公司让山木设计网页。他的财富也是越来越多，如今也有了可以住的房子。同时因为一次次的设计网页，使得山木有更多的机会和越来越多的网络公司打交道，在打交道的过程中山木发现了商机。于是，他决定自己开一个 OK 网络公司。

公司的所有的网页都是由山木自己亲自设计完成。运营的几年时间里，公司的营业额超过了5亿日元，并且成功上市。山木是一个坚毅的人，他的事业就是在他的坚持下一步步走向成功的。

流浪汉拥有了自己的公司，最后还将事业做得轰轰烈烈。这些都是因为山木抓住了最后一根稻草，也是这根稻草改变了山木的命运。在当时，如果山木放弃手提电脑而只顾一时的温饱问题，相信他不会拥有今日的成就。

6.经历过伤痛，才能更好地收获成功

伤痛能让一个人记住教训，能让一个人成长，也能让一个人更加成熟。只有经历过某些事，才能为一个人的成功积累财富，因为伤痛对于发展事业的人本身就是通向成功时的一种历练。

  有一个很顽皮的孩子，没事爱蹲在地上观察地面上的种子。随着岁月的流逝，种子开始发芽。这个顽皮的孩子跑到爸爸的身边，天真地问："爸爸，你看！种子发芽了，你说它留下伤疤吗？"
  父亲沉思良久后，说："孩子，种子在发芽时，确实会留下伤口，但那伤口处开出的是希望，是生命之花。孩子，你看这芽苞，是不是更像一朵美丽的花呢？"接着，孩子看着种子端详了半天，然后满意地笑了。

事实上，每一次伤痛都是一种成熟的果实，每一颗种子都需要经历破裂之痛才能发出新芽。蚌在痛苦中孕育的是晶莹的珍珠，蛹在桎梏中孕育的是美丽的蝴蝶。生命只有经历痛苦的洗涤，才会逐渐完善。伤痛是成长和成功的必经之路。

美国的拿破仑·希尔从商学院获得博士后，接着找了一份速记员兼簿记员的工作。希尔运用"付出多于报酬"法则，在工作中，他很快得到晋升，同时在银存有一笔丰厚的存款。就在希尔开始得意时，他的老板宣布企业破产，希尔也因此面临下岗。

为了生活有所保障，希尔经过多番的周折，最后在一家木材厂找到了一份工作，他的职务是销售经理。刚入这一行时，对这个行业的很多流程不甚了解，但是第一次工作经验让希尔有信心做好这样一份工作，为了做得更出色，希尔对待工作主动出击。经过努力的奋斗，希尔在新公司取得了不错的销售业绩。

就在希尔工作进入正轨时，迎来了1907年的大恐慌，这次恐慌袭击了很多商家和银行，希尔一夜之间破产了，他再次面临了失业。

接下来，希尔又找到了一份汽车推销员的工作，由于希尔在木材方面有丰富的销售经验，正好有了用武之地。希尔用一贯的"付出多于报酬"的好习惯，让他的销售业绩很出色。之后，他接触到了汽车制造业。而后，希尔在汽车厂开设了一个把一般工人培训成为汽车装配与修理工的培训部，这个培训部很红火，希尔又一次将自己的事业推向了成功的彼岸。

风云突变，因为银行方面的信贷失误，希尔再一次变成了穷光蛋。后来经过家人的帮助，希尔成为了一家大煤矿公司的首席法律顾问。他又过上了安稳又自在的日子，但是这些都不能满足希尔的追求，他毫不犹豫地离职了。

经过细细地思量，希尔选择去芝加哥重新开始他的事业。到芝加哥后，他很快找到了一份工作，是在一所大规模的函授学校担任广告部经理。但是希尔对于广告业知之甚少，还是因为拥有以前的推销经验，希尔很快在广告公司干出了一番事业。

随后，成功的光环一直笼罩着希尔，在事业的发展中，他经常看见远方的太阳照耀着自己前进。经过一段时间的成功，他又遇上了挫折，又面临了事业的失败。

直到第一次世界大战的结束。希尔站在窗口望着欢庆战争结束的群众，开始回顾自己20多年来的事业之路，他走到打字机前坐了下来，迅速、轻松地开始写他的《希尔黄金法则》。他的作品一出版，就受到了人们的热烈追捧，这一次，他真正地成功了。

希尔的经历让我们看到：人生的每一次伤痛都可以经过自身地不断努力收获成功。它不仅让一个人接受了宝贵的经验和教训，更值得一提的是，挫折能不断地将一个人推向事业的高峰，还能让一个人的事业价值得到充分的体现。

另外，在事业的旅途中，你还可能做一些不起眼的工作，这些工作看似微不足道，实际上是人生的一大财富。在这样的岗位上可以更好地磨炼一个人的意志力，可以让你更加接近现实，有了这方面的锻炼，在处理问题时也会更加符合实际。

吴林来自农村，自大学毕业后，便在一家大企业应聘上了销售总监，主要工作是负责全盘的销售。来公司报到后，老板以种种理由，安排他暂时做总监助理，每天负责搜集报表、通知会议等杂事，总监职务由老板自己担任。无奈之下，吴林只好配合着老板，拿着总监的工资，每天却做着助理的工作。三个月后，老板和他长谈了一次。在这次谈话中，吴林大胆地说出了公司的发展战略，随后，他坐上了总监的位置。

吴林在担任总监的助理期间，对自己的工作动摇过，也曾想过要放弃。但思来想去，还是决定再坚持一段时间。他想：在公司里无论做什么事都要做好，这样才能让老板发现自己的工作能力，自己的事业才会有所发展。

很多的大企业都会把高能力的人进行低标准使用，这样做的目的是为了探索这个人的实际工作能力。所以，千万别幻想应聘什么职位，就会得到这个职位，老板往往是先让你进来，等你没有了退路再给你布置工作任务。还有一个普遍的现象是，企业对招聘来的大学生，不管什么专业都要从最基层做起，或放在市场上，让他们自由竞争，最后根据优胜劣汰的原则，决定他们的最后任用。

每个人的事业都不可能一帆风顺，想将自己的事业发展到一步到位，这种想法几乎是不可能的，很多人的成功都是从最基层的工作经历开始的。

在个人的职业生涯中，打杂的工作在所难免。老板通常都会让新人先做杂事，有的人就坐不住了，于是连着跳槽。你要用长远的眼光看待自己的工作，做一些琐碎的事，其实是老板为了考验你而布置的特别任务，他们主要是考察你在困难面前所持有的态度。

从基层做起，可以让你更清楚、更全面地了解企业，能让你知道自己究竟能做什么。以前，想要从事商人职业，也需要从学徒开始，至少要学三年以上，然后师傅才会将真本事教于你。在三年的学徒期间，师傅主要看你是否适合这个行业，他们要你从小事做起，培养你的商人品质。在学徒期间会让你干一切的事物，直到师傅满意了，你的心态调整好了，拥有强烈的求学欲望了，师傅才会在你的身上花费心血。

有一个公司的老总在任用员工时，有自己的用人秘方。他说："想要在公司有所成就，那么一律从工人做起。进入公司后，博士、硕士、学士以及过去取得的地位都消失,一切凭实际才干重新定位。"所以,每个人都要有接受命运的挑战心态,只有不屈不挠地前进,才能收获成功。

在工作中,真正能把某一行业的技术弄得很精通是十分难得的。要想提高公司效益和自身的待遇,只有把精力专注于某一工作,才能取得一定的成功。

因此,在对待工作时要知其然更要知其所以然。这样在职业的发展中才会有所提升,也只有这样,才能成为一个能担当重任的人。

7.面对困难要守得云开见月明

困难有时是阻挡成功的一种表现,意志力薄弱的人会因为它的出现而迷失自己。成功的人会苦苦追寻,坚持不懈,勇敢地迎接挑战,经过多方面的磨炼,最后迎来成功的果实。

大学毕业后,米娅应聘到了维伦公司。她从最底层的市场销售做起,因为成绩出色,在30岁时,从市场销售晋升到高级主管。在担任高级主管期间,待遇优厚。但好景不长,在她43岁那年,公司为了应对激烈的竞争决定大规模裁员,米娅也是这次裁员大军中的一员。本以为自己的一生就这样过去了,不曾想在她43岁时便面临了失业。在很长的一段时间,她不能接受自己的失业事实。每天躲在家里,不敢出门,因为每当看到忙碌的人们,她都会觉得自己没用。对待家人也是经常发脾气。

一个月后,事业方面有了新的转机。有一个出版社的朋友来找她,想聘请她去做化妆业的广告销售,这正是她喜欢的职业。于是,米娅重新找到了自己的职业方向,在接下来的日子,她用很有创意

的点子为公司获得了可观的业绩。

之后，米娅开了一个属于自己的咨询公司。目前，她已从一个普通的职员蜕变成一个公司老板，在事业方面做得游刃有余。

有朋友同米娅聊过有关成功的话题，她说："失业并不可怕，只要相信自己，那只不过是成功的一个过渡，是一个改变命运的机会。"

事实上，调整心态，正视自己所面临的困难是最明智的选择。在面对困难时，要有一颗坚强的心，不被眼前的困境所迷惑。只要勇敢地前行，就一定能够取得成功。因此，困难也是对一个人意志的考验，哪怕你失去了一切，至少还有生命的存在，还有重来的资本。一个人的内在力量是无穷的。没有勇气继续奋斗的人，甘心接受命运安排的人，他们所有的能力，会随着这些消极的情绪而不能发挥其本来具有的能量。相反，那些勇往直前、不轻易放弃梦想的人，会把困难当做是上天对自己的考验，他们会更加努力，让自己的事业达到一个新的辉煌。

也有人说，曾经有过努力，但一直是以失败告终，再试也是白费力气。这种想法是不对的。对意志坚强，永不屈服的人来说，没有永远的失败。无论失败多少次，只要坚持就有成功的希望，成功永远属于拥有坚强意志的人。

一个人的人生就像大海上行驶的一艘船，会经常遭遇风暴，想要成功地抵达目的地，就要经受住困难的挑战。同样的道理，想要获得成功的人生，也需要乐观地面对挑战，及时调整自己的方向。不要让失误给自己的心理背上沉重的包袱，也不要让失败的阴影在心中长期滞留。

因此，在面临困难时，要不断地寻找失败的经验，以便找到成功的方法。只有这样才能更好地处理问题，也只有这样才能创造出更多的成功机会。

没有永远的成功，也没有永远的失败。当一个人遭遇不幸时，只要积极面对，坚持不懈，就能走上成功的舞台，因为人生没有不可能。

除此以外，在面对困难时，还需要用忍耐的心和坚强的意志力与之抗争。凡是成功的人，都会经历苦难。因为苦难是通往成功的桥梁，是奋斗需要的动力，只有认真对待才能走向成功。

　　傅抱石是著名的国画大师，不仅在艺术上取得了成功，而且在子女的教育方面也取得了很大的成就。他有一个儿子叫傅小石，从小聪颖过人，志向远大，深得大家喜爱。在中央美术学院学习时是高才生，然而校门未出，却横遭厄运。1957年，他被打成"右派"，蒙冤20多年。更不幸的是，偶然间的一次车祸，造成了终身跛足。有幸在1979年得到了平反昭雪，却又得了中风。面对厄运，傅抱石倾注全部的父爱，用心去培养教导傅小石，建议他阅读鲁迅、郭沫若、胡风的作品，激发他用顽强的生命力同命运抗争，并锻炼他用左手写字绘画。当傅小石的"左笔画"在首都和香港展出时，人们很难相信这一幅幅纵横不羁、俊丽飘逸的作品，竟出自于经历坎坷的傅小石之手。

面对命运的不公，傅小石坚强地面对一切，他用顽强的身躯赢得人们的尊重和敬佩，他的坚韧使遇到的逆境变成了顺境。傅小石说："愿意凭借自己的力量打开人生的前途，不做美梦求得权势的垂青。"也正是这种不屈服的精神，使他在艺术界成功地开拓了一片自己的天空。

在成功的道路上，没有天生的强者，只有经历风雨，才能见到彩虹。坚强的人会用自己的坚韧性格去面对它，督促自己站起来，成为无所畏惧的强者。成功的种子不是落在肥土而是落在瓦砾中，这是因为有生命力的种子绝不会悲观叹气，它们会以顽强的生命力苦壮成长。

漫漫人生路，在面对困境时，一定要让自己更坚强，让自己用足够的忍

耐力去承受一切困难，坚强地走下去，在不远处将会收到美满的人生。

想要获得成功，需要一个强壮的身体和超强的忍耐力。那如何才能做到这些呢？

首先，要改掉不良的坏习惯。坏习惯对人的身体危害极大，比如过多地吸烟、饮酒，都会降低人体的忍耐力。当你的健康受损，忍耐力就会下降，你的大脑也就不会发挥出积极的作用。

其次，要养成锻炼身体的习惯。良好的体质对一个人的事业起着重要的作用，过于柔弱的体质很难担当起具有挑战性的工作。锻炼身体有益于身心的发展，还可以增强一个人的忍耐力。

再次，经常性地做一些紧张的脑力劳动。紧张的脑力劳动可以考验一个人的精神忍耐力。一个身心疲劳的人，还要强迫自己继续努力工作，这是锻炼耐力的最好体现。

然后，还要保持平稳的心态。要从容地面对一切困苦，在处理事情时，要切忌浮躁，用最佳的体力和智力去完成各项工作。

另外，需知忍耐是一种主动的行为，是一种主导命运的积极力量，不是向环境屈服。同时，它也是一种智慧，是成就事业时的最高境界。

所以，一个成功的人应该具有坚定的意志力、非凡的忍耐力，这样才能在逆境的环境中保持理智，进而做出正确的决策，最后让自己踏上成功的道路，实现人生的事业梦想。

8. 失败乃成功之母

失败是什么？其实没有什么，只是向成功走得更近一点。那么，成功是什么？成功是走过了所有通向失败的路，获得了最后的成功。

有成功就有失败，悲观的人总是看到灰暗的一面，而乐观的人能在看到灰暗的同时看到光明。悲观的人把一时的不幸看做是事情的终点，而乐观的人能把一时的不幸看做是上天对自己的考验，他们会将失败当成人生的一种必修课，在遇到挫折时用坚强的意志来克服，从而顺利地走过挫折，走出低谷的困境。

王先生在一家大企业工作，职场的压力让他苦不堪言。于是，他向心理医生求救，说："目前，他最怕失去工作，如果离开了这家公司，自己将会走向穷途末路。根据公司的统计资料，全公司的销售额增加了80%，而自己负责的推广部，业绩与去年相比下降了50%。如今，自己已经没有能力再去掌控全局了，但面对这种状况，希望推广部的销售业绩有所转机。"心理医生反问了他："只是希望业绩能有转机吗？为什么你不主动采取行动来支持你的想法呢？"医生接着说，"还有两种措施可以改变你的现状。第一，在今天下午一定要想出好的办法提高销售额的数字，这是紧要的一项措施。因为营业额的下降是有原因的，把原因找出来，然后写出一份可行的计划。接着，医生又说："对于下属，要让他们拥有一个好的精神面貌。这样能让客户看到你的优秀团队，也会对你和公司的产品增加信心。"

听过心理医生的话，王先生的心里变得踏实多了。接着，心理先生向王先生讲了第二项措施。他说："为了避免失业，在工作时也要留意更好的工作机会。虽然你采取了积极的改进措施，并想以此来提高销售额，但为了保险起见，还是需要提前做准备。"

过了一段时间，王先生给心理医生打来电话，他说："上次和你谈过以后，自己回到公司就努力改进。每天早上都会开会，以确保能及时调动起推销员们的工作积极性。看到伙伴们充满了干劲，自己也更加有信心。结果显示，上月的月营业额和去年相比提高了不

少，而且还比其他部门的平均业绩高出了许多。还有一个好消息，在工作期间，自己也得到了两个工作机会。因为现在做得不错，所以，回绝了那两个公司的心意。"

王先生在心理医生的帮助下，重新审视了自己的事业之路。经过不断努力，最后走出了事业的低谷，同时也迎来了幸福的生活。

要想收获成功，就要保持乐观向上的精神状态。因为挫折并不可怕，只要你冷静地看待挫折，经受住挫折的考验，善于从挫折中找出成功的契机，那么，成功的光环一定会属于你。

阳光总在风雨后，在成功没有真正到来时，不要过早地享受成功的果实，因为自负和骄傲是成功的天敌。自命不凡的人会使失败接踵而来。因此，在人生道路上，不要因为眼前的成绩而狂妄自大，这样只会葬送成功。只有戒骄戒躁，不断进取，才能取得最后的成功。

项羽是秦末著名的军事家，他力能扛鼎，气压万夫，同时文武双全，和当时的韩信一起被称为"不可多得的将帅之才"。韩信想取得一番事业的成就，于是去投靠项羽，然而项羽给他安排了一个执戟郎的职位，这让令韩信无地自容。最后，韩信投靠了刘邦，帮助刘邦立下了汗马功劳。项羽骄傲自大，没有采纳韩信的建议，最后致使韩信离开，这也间接地导致了他的最后失败。还有战无不胜的拿破仑，因为太过骄傲自满而在滑铁卢战役中惨败；江郎在无数赞美声中不再努力读书，而致使自己年纪渐长却将丧尽才能；庞涓因为骄傲而被孙膑的军队乱箭射死；李自成因骄傲而最终客死他乡。与之相反，居里夫人因为终身不追求荣誉，拒绝财富，到后来成为了一位伟大的科学家。因此，在事业的发展道路上不要自负，要像居里夫人那样，克勤克俭，坚持自强不息的发展道路。

无论你是谁，也不管你拥有多大的成就，这些都会成为过去。聪明的人都会时时勉励自己，成功时不骄傲，遇到挫折时不气馁，这也是人生的成事之道。

曾任石家庄造纸厂的厂长马胜利，以承包的方式率先打开了中国城市改革的局面，一时之间声名鹊起。取得成功后的马胜利因为新闻媒体的炒作，大大地增强了自己的自信力。于是他一口气承包了遍布全国各地的100家造纸企业，担任了这100家企业的总代表，成立了中国马胜利造纸企业集团，建立造纸行业的托拉斯。他每天的工作都很繁忙，用一年的时间计算，平均一个企业顶多能待3～5天，没过多久，马胜利承包的企业纷纷传出承包失利的消息。最后，马胜利以"提前退休"的名义黯然出局，仅享受退休工人的待遇，每月拿200元的工资。中国马胜利造纸企业集团也因为不能正常地进行运转而被迫倒闭。

因此，如果一个人取得了巨大的成功，纵然可以自信，但切记要适可而止，要冷静、客观地对待事物，这样才不会被淘汰出局。坚信这一点，才能在事业之路上长久立足。

第三章 "借口"不是你该找的理由

1. 直视你的目标，今日事，今日毕

在通往成功的道路上，人们做事情前，首先要直视自己的目标，然后要严格要求自己，努力克服自己的缺点和不足，今日事，今日毕，凡事做到最好。只有这样，才能在事业方面步步为营。

为了少走弯路，到达成功的高峰，需要消灭一些不必要的借口。

在做事方面，人们常常对自己说"有的是时间，一切慢慢来！""等一等再做，天又不会塌下来！"或是"有那么多的事情要做，这些就先放放吧！"等借口。要摆脱这些借口，可以写一些座右铭来监督自己，时刻提醒自己。拖沓不仅不会让你获得解脱，反而会让你陷入更大的焦虑中不能自拔。如果你选择了拖延，也就选择了和成功无缘。这样的座右铭才能警示自己。

当一天的工作结束后，要及时检查自己的行为是否得当，以便下一次将事情做到最好。你可以给自己该做的事情设一个最后期限，在这个期限到来之前必须完成。将自己要做的事情列一个计划表．以便以后能够更好地完成工作。

最后，还要紧盯你的目标，穷追不舍。因为不找任何借口，能够让你在工作中创造出非凡的奇迹，将许多不可能的事变为完全可能。当然，这一点体现在"确定了目标，能保证完成任务"的基础上。

毋庸置疑，无论你在何种性质的企业上班，有效地完成任务是一种崇高

的使命。如何去完成任务以及能否顺利完成，有两种方法可以助你一臂之力：

第一种方法：紧紧盯住目标，不达目标不罢休；

第二种方法："难"字当头，在你的内心世界不要被"难"束缚住，遇到困难要迎难而上。

运用第一种态度在遭遇困难时能给一个人的内心注入力量；运用第二种态度在一个人的内心中可以减少不必要的心理负担。

事实上，一个最优秀的人，往往会心无杂念，一心一意去紧盯住一个目标。在做事时，也不会去找任何借口来影响目标的实现。

位于中国四川省西部的大渡河上的泸定桥，是一座由清朝康熙帝御批建造的悬索桥。1935年，在红军长征的过程中，泸定桥有着重要的战略意义，飞夺泸定桥也是最关键的战役之一。如果不能及时夺取泸定桥，红军就有可能被国民党部队围剿消灭，后果不堪设想，当然更不会有今日的美好生活。

当时的红四团是创造飞夺泸定桥奇迹的主要力量，杨成武是该团的主要干部之一。在1935年9月，红军面临敌人的围追堵截的时候，毛泽东和中央军委下达了命令：红四团必须在三天之内，一定要先于敌人赶到三百多里外的泸定桥，从而粉碎敌人前后夹击合围的阴谋。而红四团刚刚经历了长途奔袭和战斗，人疲马乏，可是战士们听到这一命令，都毫无怨言，立即执行了这一艰巨而光荣的任务。

当时，杨成武身系重任，在第一天，他带领红军战士们克服了重重困难，一边与沿途的敌人作战，一边在崎岖的山路上奔跑，终于跑了近100里路。到了第二天，战士们五点钟就动身了，比第一天还要早一个小时，并且在这个时候，再次接到领导的急令：必须一天走完240里路。当时的杨成武也有所感慨："路，需要人一步一

步地走,少一步都不行啊!更何况,一天要走完两天的路,简直就是天方夜谭。"但是,如果不顺利地完成这一任务,将会给红军带来巨大的损失。从目前收到的情报来看,泸定桥本来有敌人两个团防守,现在又有两个旅正向泸定桥增援。如果敌人的增援力量比红军早到泸定桥,红军要想通过泸定桥就难上加难了。必须抓时间和敌人赛跑,才能有胜算的把握。

随后,杨成武一边和战士们行军,一边紧急召集干部们开会。会议结束后,干部们便分头深入连队进行动员。很快,队伍中便响起了,"坚决完成任务,拿下泸定桥"的口号声,这声音几乎压倒了大渡河的怒涛,队伍的前进速度也变得更快了,等他们赶到大渡河岸一个小村时,已是傍晚七点了,从这里到泸定桥还有110里。天公又不作美,突降大雨,电闪雷鸣,士兵也是饥饿难耐,牲口、行李都有些掉队了。即便这样艰难,但在红军战士们的心中却只有一个信念:那就是在有限的时间内保证赶到泸定桥。最后,他们想尽一切办法来克服困难:走不动的时候,每个人都挂一个拐杖;来不及做饭,战士们就嚼生米、喝凉水保证身体的能量。

当时,杨成武因为腿部受了伤,走起路来疼痛不堪。许多同志都劝他骑上马走,但他认为这正是需要干部起模范作用的时候,于是以挑战的口吻向大家说:"同志们,咱们同舟共济,一块儿走吧!看谁走得快,看谁先走到泸定桥!"也是这个时间,对岸出现了一长串的火炬,原来是敌人在点着火把赶路!稍不注意就有可能与敌人交战。于是,杨成武心生一计:他命令战士们也点起火把走路,当对岸的敌人问红军是谁的时候,便选出四川籍的同志和刚捉来的俘虏对答。对岸的敌人万万想不到,大摇大摆一直跟他们并排走的,就是他们日夜梦想着要消灭的红军。雨越下越大,到了深夜十二点,对岸的那条火龙居然不见了。这也许是敌人怕辛苦，也许是认为红军不会那么拼命赶路，敌人停下来不走了。这时的红军干部战士们，虽然一个个也累得走不动了，但得知这一情况时，全团不仅没有一个人停留下来休息，反而都很高兴地表态：这是一个好机会，要抓紧时间向前赶路，这样才能保证任务的圆满完成。

经过一天一夜的急行之后，红四团终于在第二天早晨六点多钟胜利到达泸定桥。这一天，除了打仗、架桥外整整赶了240里路，简直是长征中的奇迹啊！

或许你很难想象当时的红军处境有多么的危险，他们的征程有多么的艰难，然而优秀的红军战士们，就是在这样的条件下完成任务的。

和红军战士们的任务相比，你的工作任务是不是轻松很多。但是，还是有许多人以各种各样的借口，拖延着不执行任务，或者执行任务时，总要打一些折扣，甚至导致本来容易完成的任务，最终没有很好地完成。

因此，你一定要向英雄们学习战胜困难的优点，这样才能在事业上取得一番成就。

在接受任务时要不畏难。在面对任务时，不能以"时间太紧了"、"天气不好"等理由来推托，因为这不能在有效的时间内完成艰难的任务。在面对艰难的任务时要有坚定的信念。

面对紧迫的局势，临时加"砝码"要有不抱怨的心态。抛开自己的利益，一切从组织的需求出发，毫无怨言地执行任务。

"干部永远要带头，同志们才会加油。"即使你不是干部，也不要放弃，优秀的人士都是吃苦在前、享乐在后，团队的力量需要干部来开发，更需要每个人出力。

即使听到了别人的抱怨和不满，也要把别人的借口当成自己成功的机会。

敌人的部队在开始时也是连夜冒雨赶路的,在中途,他们以"雨太大"、"人太累"的理由放弃了赶路,而红军却依然坚持自己的目标,最终抢先赶到了泸定桥。

因此,在工作中,一定要有自己的目标,并且要集中精力完成你的目标,拥有这一信念,任何事情十之八九都能成功。

2.对工作负责,就是对自己负责

责任重如泰山,自己在工作中需要扛起这份责任,因为对工作负责,就是对自己负责。

生活中或许你会经常听到这样的话:"我又不是公司的领导,公司是好是坏与我有什么关系,凭什么对工作负责?对我又有什么益处?!"一副事不关己高高挂起的态度,持有这样心态的人,势必会影响他的工作,同时也影响了他的前程。

还有一些人,在接到客户的投诉电话时,第一遍还有点耐心,第二遍语气明显已经带了情绪,到了第三遍,干脆把电话挂了。得罪客户又不是什么大事,说不定过几个月,自己就不在这儿干了。至于公司的形象,还是少操点心好。至于工作嘛,能按部就班就已经很不错了,干多了又没有额外的奖金,工作拼命、主动加班只有傻瓜才愿意做。

有很多的职场中人,或许从来就没有把自己当成公司的主人,更不要说把公司的事当成自己的事。但有一点需要明白的是:你是这个公司的人,你的前途发展和公司的命运息息相关,只有公司发展好了,才有你的发展平台。说得更清楚一点,对工作负责,也是为自己负责。

有一家动漫网站为了扩大公司的知名度，经常举办一些比赛。万万没想到的是，结果起到了反作用，差点因为一个帖子引发了一场决定公司前途的危机。经过一番调查，最后查出这个帖子是一个参赛者发出的，他在帖子里写出该网站的工作质量低和服务态度差等问题。这个帖子被他发到了各个论坛，一时间，这家网站名声大减，甚至影响了网站的正常运营。

这个参赛者为何如此仇视这家网站，他和这家网站是不是有什么深仇大恨呢？原来写这个帖子的人在之前参与了网站的比赛，并且取得了不错的成绩，按理说，他应该能得到一笔奖金。可是他与该网站的有关工作人员联系时，工作人员告诉他，没有看到他投稿的资料。这个人拿出了该网站通知他获奖的邮件，并告诉了发件人的姓名。岂料，这位工作人员却说：原来负责这件事的员工已经离职，在自己接手的资料中，绝对没有该作者的资料。听到这话，本来应该得奖的这个人又急又气，不仅批评了离开的员工，同时也批评了这位接手的工作人员不负责任的工作。然而，这位员工不甘心地回敬道："这事又不是我负责的，谁通知你获奖，你找谁去。"这句话彻底激怒了作者，于是，他写了一封谴责网站的帖子，发到了各大论坛，让网站变得恶评如潮。

随后，该网站的负责人调查了事实的真相，发现参赛人所讲的事情完全属实。于是，他不仅向这个参赛人赔礼道歉，补发奖金，而且，还将那位说"谁通知你获奖，你找谁去"的员工辞退了。

事实上，公司里的很多事情其实就是你的事情。说得更贴切一点，你就是公司的一员，代表公司的形象，公司的形象受损，你也得不到什么好处，也会深受其害。

无论你在哪家公司从事工作，都有可能遇到损害到公司的事情，你有责任去关心，并在力所能及的范围内将问题解决。即使自己解决不了，也要及时向领导汇报。如果你没有这种意识，在公司将责任分得过分清楚，那么，注定你的事业没有发展前途。

有太多人，对于公司的其他事情一概不过问。这样的人，无论到哪里都会混不下去，事业的发展也是极其有限。如果你不对公司负责，那么公司也没有必要对你负责。你不重视公司的利益，公司又何必在意你的成长呢？倘若你是企业的老总，肯定不会把重任和机会交给一个凡事只为自己着想的人。反过来讲，你是一个对待工作认真负责的人，公司自然也不会让你失望。

每个人应该有这样的信心：别人所能负的责任，我必定能负；别人所不能负的责任，我也能负。华为的客户经理张豪就是这样一个人，他是很多华为员工崇拜的偶像，曾荣获2006年国内市场部金牌"第一名"。张豪的出色成绩，与他对公司的责任心紧密相连。

某天，公司外派张豪到北京出差，因为朋友的关系，得知公司以前的一位客户也在北京出差。本来自己的事情已经很忙了，但是张豪想：这位老总以前和公司在业务上有一点儿不愉快，自己也许可以利用这次机会与他改善一下公司的关系。随后，张豪就给那位老总打电话，非常真诚地说：如果有什么需要帮助，可以随时找他。当然，这位老总开始也就把这当成客套话，没放在心上，但没想到，自己还真碰上问题了。当时，他也不能确定张豪是否还在北京，于是打电话试了一下，没想到张豪还真在北京。

这位老总告诉他：因为出门着急，忘记带名片了，希望张豪能帮个忙，名片下午要急用。

张豪爽快地应承下来，他连着跑了十几家店，得到的答复都是第二天才能做好。张豪打电话把情况告诉了那位老总,并对他说别着急,自己会继续想办法。老总听到张豪的话,心里很是感激,一再道谢,并让他不用再找了,下午的商务活动就不用名片了。客户都已经说了不用再找了,换了其他的人,也许就心安理得地放弃努力了。张豪并没有给自己找借口,而是继续想办法。在经过一家照相馆时,张豪眼前一亮,突然有了主意:找一张名片作为模板扫描出来,然后把名字和电话改过来,进行数码打印,剪裁一下就可以作为完美的名片了。

做完这一切时,张豪将做好的名片交给了那位老总,老总不由自主地紧紧握住了他的手。

通过这件事,客户对华为的印象彻底改变了,之后,又成为华为很好的合作伙伴,并且他们的合作很愉快。

其实,客户最初对公司假使有一定的不满,也不是张豪的错,即使张豪不去与客户缓和关系,别人也不会说什么,但责任心驱使着张豪这样做了。

心里不忘工作,对公司、对工作尽职尽责的人,无论去哪里事业的发展道路都会走得很顺利。

小李只有中专学历,一次偶然的机会,他了解到微软上海分公司正面向社会招聘新员工,没有半点犹豫,他决定前去应聘。当他走进面试的办公室时,一位美国经理看到了他的简历,因为学历原因委婉地拒绝了他。微软所要招聘的员工至少要有本科学历。小李告诉这位经理,自己为了这个面试准备了很长时间,非常希望能得到面试的机会。看到这个年轻的小伙子如此诚恳,经理便答应给他一个机会。然而,面试的结果并不理想,对这位经理来说,这是他

在微软任职以来经历过的最差劲的一次面试。因为这个年轻人对软件的编程只略知皮毛，而且对总经理提出的许多专业性问题，小李要么答非所问，要么根本就回答不上来，面试中双方几次陷入僵局。面试结束后，总经理显得很失望，他对小李说："要知道微软公司人才荟萃，从高级管理到专业技术人员，个个堪称业界精英。微软的大门是不会被轻易叩开的。"正当总经理要回绝小李时，小李说："对不起，我回去后会再做一次充分而明确的准备，希望您能再给我一次机会。"总经理认为他只是找个托词下台阶，便也随口说："那好，我给你半个月的时间做准备，等你准备好了再来面试。"听到这句话，小李的眼睛里放出了亮光。

到家以后，小李回忆了一遍面试过程，到第二天，他便去图书馆借了计算机编程方面的书，然后足不出户在家昼夜苦读。两周后，小李又去见了总经理。总经理没有想到对方竟如此认真，只得兑现当初的承诺，给了他面试的机会。第二次面试，小李对总经理提出的相关专业问题已基本能应付下来。但他依然没有通过面试，因为凭他掌握的编程知识与微软所要求的软件工程师水平，相差还是太远了。但总经理也知道，在两周内能有如此大的进步对眼前这个年轻人来说已经是很不容易了。面试结束后，总经理关心地问道："不知你对微软的其他岗位是否感兴趣，比如销售部门。"小李接受了总经理的建议，因为他想，能进入微软的销售部门工作也不错，于是总经理又给了他一周时间去准备。回到家后，小李又去书店借了一摞有关营销方面的书，再一次埋头苦读一周。可令人感到失望的是，一周后，小李虽然在销售知识方面进步不小，却仍然没能达到微软的要求，他还是没能获得工作的机会。

几个回合下来，总经理只能歉意地摇头，并问小李为何偏要应聘微软呢？谁知小李的回答却令这位美国经理瞠目结舌，小李说："其实我并非只想应聘微软。我也知道微软录用人苛刻，我是因为想到，哪怕不行也能积累一定的应聘经验。"这个回答让总经理倍感意外。

实际上，为了在微软赢得工作机会，小李总共在微软面试了5次，前后共用去两个多月的时间，而总经理也破天荒地给了他5次机会。在第5次面试时，小李并没有回答任何问题。因为当他第5次跨进总经理办公室时，总经理告诉他，其实在第3次面试时他就已经成为微软的一员了。这位美国总经理解释说，在小李坚持不懈、永不服输地尝试的过程中，微软也同时发现了这个有发展潜质的不可多得的人才，尽管他没有本科文凭，但是他的执著和接受知识的能力不容怀疑，微软的未来就在这种年轻人的身上。不久，小林就得到了微软的重点培训，目前他已是微软公司的正式员工了，他也正为自己的工作努力地奋斗着。

在事业的发展过程中，职责会激发你的热忱，促进事业前进。一个成功的人，不仅需要充满智慧的头脑，而且还要有强烈的责任心。在成功的路上要向着既定的目标坚定不移地前行，在艰难的困苦面前，用不服输的勇气超越极限，负责到底，这是创造奇迹，走向成功的必经途径。

3.善于改善自己，就能发生事业的奇迹

大多数人都想要改变这个世界，只有少数的人愿意改变自己。其实你自己虽然不乏智慧，但是仍然需要不断改善，在通往事业的道路上学习众人的智慧为自己所用。

了解了这些,你就能很好地处理人际关系。事业的奇迹,往往是先从改善自己开始。

假如你遇到问题,首先要从自身找原因,这是工作时最好的解决方法。也有些人,一遇到问题,就去责怪他人,从来不反省自己。这些现象不仅体现在普通人的人际关系中,在一些重要的领导干部身上也能找到印记。

在这方面,前任海南省省委书记卫留成就做得不错。

卫书记在开会时曾说过:"一些干部有个不好的习惯,一旦遭遇矛盾的问题,首先会在群众的身上找原因。这些干部的做法早就脱离了群众,在工作汇报时,还口口声声说群众难管,为什么不从自己身上找原因?"

卫留成的话,让某些善于推卸责任的干部羞愧不已。而这些问题不仅体现在干部身上,在一般的普通人中也有相应的体现,所以,普通人也要善于改善自己的缺点。

《圣经》里有一句是:"与其去介意别人眼中的斑点,不如去除我们自己眼中的光束。"只有改变了自己,才能对别人造成影响力。

小岑在一家大公司上班,在职场已经工作了8年。刚入职场时,他勤快、谦逊,凡事认真负责,但他有一个"冲动"的缺点,这个缺点让他在职场上吃了不少亏。

公司有一位年长的同事,不仅才华横溢而且还是计算机领域的专家,这位同事偶尔会犯一些低级错误。刚开始,小岑会私下提醒他一下。但在前一段时间,同一个问题又出现了,忍无可忍的小岑终于对那位同事大发雷霆,那位同事当时也愣住了,半天没有说出一句话来。结果，问题不但没有得到丝毫的解决，还让小岑加了3个小时的班才完成。到了第二天，他在公司的例会上当场指责了那位同事的问题。谁知，自这次会议以后，那位同事对他自己的职责外的事是不闻不问，这令小岑非常痛苦。接下来，小岑反省了自己，发现了自己的错误，不该向同事发火，也不该老揭人家的短。于是，他打算向那位同事道歉。

第二天，小岑早早地来到了公司，帮那位年长的同事擦了办公桌，还在他的桌子上放了一束鲜花。之后，小岑又请那位同事到会议室，真诚地向同事道歉，并请求他原谅，年长的同事说："没事，过去的事就让它过去吧，以后还是工作伙伴。"

经过这件事后，他们成了职场中的好朋友，在工作中，年长的同事给小岑传授了很多有关计算机领域的知识技能。小岑在职场上也是如鱼得水，平步青云，这些都要归功于年长同事的帮助，是他让小岑懂得了更多。小岑也庆幸自己能够拥有这位朋友而感到高兴。

了解了小岑的故事，你是否已经感受到改变自己的重要性了。在职场中，要怎样做才适当呢？

首先，对他人的要求，不要过于苛刻。如果你看到同事犯错，不妨给他们讲一些有用的道理。这样，你的同事会对他自己要求更高，起码在做事时会尽职尽责。还有，别人犯了错，固然要承担责任，对于自己犯错，也要勇敢地担负责任。

其次，没有过不去的坎，退一步海阔天空。人际关系的改善，重要的不是靠"争"而是靠"让"来做到的。在与他人发生矛盾时，一定要有退让的胸怀，因为退让的人更能获得好感与主动。

而在矛盾激化的时刻，要善于反省自己。大多数的人在遇到矛盾与冲突

时，首先想到的便是对方的过错，觉得不采取报复的措施就不足以解心头之恨。也许对方的确有过错作为你报复的理由，但这不是最好的解决方法，这样做还会导致关系的进一步恶化。

对于贫穷也是如此，贫穷不是借口，善于改变现状才是最重要的。世上没有绝望的处境，只有对处境绝望的人。只有乐观地进行追求，才能获得财富。

福建省厦门市同安莲花镇山区的叶超群，在出生时就患上了先天性残疾：他的肌肉萎缩、肘部曲蜷、手腕僵直。贫穷的家庭和身体上的缺陷，让他承受了常人没有过的痛苦，旁人异样的眼光更是让他感到自卑与难过。叶超群还在上小学的时候，在电视里看到了乒乓球比赛。从那以后，他就幻想着自己也能潇洒自如地挥舞着乒乓球拍在台上打出漂亮的弧线来。然而，由于双手残疾，同学们对他都是敬而远之。

贫穷的生活造就了他顽强、刚毅的精神。由于双手的力量不是很均匀，在常人看来轻而易举的事情，他却要用一次、两次、甚至一百次，才能勉强握住球拍，而且还能握得很紧、很牢。因为家境贫穷，叶超群曾经为买一个6元钱的乒乓球拍，苦苦地哀求了母亲好几年，才得以实现。

每周的星期五，他都会坚持到30公里以外的市区参加训练，无论刮风下雨，还是酷暑寒冬他都从不间断。肌肉萎缩的手在平常是不能展平的，同时也使不上力气，这使得超负荷的训练结束后，叶超群的手经常抖得很厉害，整条手臂酸痛难忍，有时连筷子都握不住。训练时，手腕和手肘经常碰破或扭伤，疼痛难忍，这些都没有让他妥协。为了有朝一日能够打好乒乓球，他坚持不懈，要改变自己的命运。终于在2008年的残奥会乒乓球比赛中，他获得单打银牌和团体金牌的荣誉，实现了自己的梦寐以求的理想。

他也有过脆弱和失意。在别人异样的眼光中，因为那双不能平缓地舒展开来的手而感到失落和绝望，徘徊了将近一年的时间他才逐渐明白：即便没有办法选择自己的出生，但他可以凭借自己的努力去改变自己的命运。即便双手不能像正常人那样平展开来,但他坚信，别人都能做到的事，自己也能做到。

总之，自己改变不了贫穷的出身，但可以改变未来的生活。出身并不能影响你的成功，没有必要去找理由逃避自己的出身，甚至应该感谢它，感谢它让你拥有特殊的童年经历，感谢它让你尝尽了人世间的酸甜苦辣，这些经历都是你走向成功的宝贵财富。

4.少为自己找借口，多为未来找出路

少为自己找借口，因为借口只会阻碍你成功。想要拥有成功，就多为未来寻找出路，凡事成大事者，就在不断地寻找着通路。

每一个公司都有其与众不同的个性，没有专门为你量身打造的公司。这样的话，对于大多数的人来说可能很难接受。因为有太多的人用太多的时间抱怨着公司的不利环境，并以此作为自己不善待工作的借口。这也可以理解，毕竟人往高处走，水往低处流。

与其等着环境来改变你，倒不如多想想自己如何做。客观的环境不是你能做主，说改变就能马上改变的，但改变自己却是当下可以做的事。无论你面临的环境如何的差，最重要的是做好自己。

成功的人士都会用心地干自己的事业，无论什么条件都会好好干。别人认为是吃亏受累的事，他们却会好好干；当别人怨声载道时，他们也会好好干。

因此，在做事时，不要太在乎名和利以及别人的想法，未来不可知，但是未来可以计划，可以构想，前提就是当下你所做的事情。

有一个年轻人，因为工作不如意。在两年之内居然换了十几家单位，最长的待过4个月，最短的才5天，频繁地跳槽使他自己都有点儿无法忍受了。他觉得，并不是自己不想好好干，而是公司太差劲。有的是环境太差，有的是工资太低，还有的是老员工盛气凌人，这些都让他接受不了。

年轻人的处境不难理解，无论在哪个单位都拿着放大镜去找毛病，这样下去，肯定不会找到安身之处。然而那些不挑剔环境、主动去适应环境，在工作中时刻去想如何才能做到更好的人，不管到哪里都能轻松地找到自己的工作。

稻盛和夫在这方面就做得很好，他从最初的技术人员转变为赫赫有名的企业家。其间的工作历程几乎无人可比。

1932年，稻盛和夫出生于日本鹿儿岛，在鹿儿岛大学工学部毕业后，他来到了"松风工业"做研究员，公司的条件非常差，经营也不是很景气，经常发生工人罢工事件。一般人在这样的环境中往往会消极做事，看不到希望。但稻盛和夫却不这样，他不仅每天努力工作，而且还经常性地主动加班。

当时有很多不能理解他的人，有人劝他，也有人骂他，面对如此恶劣的环境，一般人可能会放弃最初的坚持。然而稻盛和夫却一点也不放在心上，在那种情况下，他研发出了一种含有镁橄榄石的新型陶瓷材料，这种材料在世界上属于首创。

稻盛和夫研发出的材料真的是很困难的事情，当时的"松风工业"只是个小公司，而有着一流技术和研究设备的美国 GE 公司，在这一领域上已经遥遥领先。无论是技术还是实力，"松风工业"根本没法跟 GE 公司比。如果是别人，在面对这样的环境时，可能会找借口另谋他职，即使要研究，也会提出要求，让公司配备相应的先进设备。但对于稻盛和夫，他没有提出任何的要求，而是一心钻研，最终研发出了可以和美国 GE 公司媲美的新材料。后来，"松风工业"也发展得越来越好，稻盛和夫也坐上了特磁科的主任位置。正因为他对于未来做好了充足的准备，才促使他不断向前发展，最后成为了日本高科技时代的著名领袖人物。

如果你改变不了环境，那你一定要有好好干的心态。当你改变了心态，那么，你的事业也会得到相应的发展。没有人愿意承认自己不够聪明。但在工作中，却又时常听到这样一种声音："我已经很努力了，可还是没有做好。"原因何在？

其实，这句话的真正意思是："我不够聪明，事情没做好是情有可原的。"有了这样的借口，就会心安理得地允许自己慢进步，甚至不进步，允许自己遇到问题不去动脑筋，出了差错也不去反省。坚持这样做，会造成什么样的后果呢？自甘堕落。而积极为自己未来寻找出路的人，也会在未知中获得一举成名的机会。

草根演员王宝强，出生于河北农村。自从电影《天下无贼》上映后，他就成了家喻户晓的电影明星。他是怎样取得事业的成功呢？

王宝强成名前，是一个普通农民，没有接受过任何影视方面的正规训练，凭着淳朴善良、忠厚老实的性格，在影视界取得了不错

的成绩。

然而，电影《巴士警探》让王宝强第一次接触了武打戏，主要任务是帮男主角做替身。

一般来说，动作片的替身危险性非常高。王宝强要做的动作是从一架两米多高的防火梯上直接摔到坚硬的水泥地上。这么危险的动作，想想都会颤抖。

如果是别人，可能会选择放弃。就是一个替身嘛，既不能发财，也不能扬名，何必这么认真。

想找借口，可以找出千万个借口。王宝强却不这么想，既然答应当人家的替身，就一定要做到最好。接着，他上了片场，第一次摔下来，导演不满意，说动作不到位。又摔了第二次，还是没有过关，这时的王宝强已经浑身疼痛。到了第三次，第四次，第五次……不知摔了多少次，导演终于喊了一声"通过"。做完了这些，王宝强趴在地上已经不能动弹了。

他的替身经历，让很多武术指导感慨万分。别人都是假摔，只有王宝强真摔。当然，这样更能拍出武术的真实效果。

自此以后，王宝强的名声大振，很多导演都知道他做替身非常认真。他的活儿就一个接着一个，从替身到配角再到主角，一步步走向了事业的辉煌。

当你拼命去完成一件事的时候，你就不再是别人的对手，说得贴切些，别人也不再是你的对手了。无论你是谁，只要拥有这个决心，浑身就会增加无穷的力量，视野也会变得更开阔。

王宝强是一个做事非常认真、刻苦的人，论学历、文化程度他是不高；论表演经验，他没有受过任何的专业训练。努力、不找借口是他对工作的原则，他也是坚持着这种精神走到了成功的彼岸。

因此，无论你做什么事都不要找借口，找借口只能让你寸步难行，你要明白，为未来找好出来比什么都重要，唯有在未来中有了好的发展，好的出路，才能发展得更好。

5.远离借口，事业将会一片光明

不要让找借口成为习惯。因为当你习惯为自己找借口的时候，你的成功就会非常渺茫，前途也会变得暗淡。借口是一种可怕的力量，它能肆意的毁掉一切。唯有远离借口才能找到事业的希望。

有一个年轻人受到了中国核电技术集团山东电力工程研究院的邀请，准备为该机构的年轻员工授课。年轻人在讲课的过程中发现，坐在前排的一位女员工刚开始听课有点心不在焉，随着内容的深入，她听得越来越入神。

不久，讲课的年轻人收到了女员工的一封邮件，邮件的主要内容是女员工在大学毕业后的心路历程。当时，她在公司的下属学校做了一份不太重要的工作，常常觉得自己怀才不遇。她认为自己缺乏伯乐，自从听完他的课后，女员工发现了自己的问题，她觉得真正的问题在于自己老向外界找借口。而从现在开始，她要远离借口，对工作负起责任来。

又过了一年，年轻人再次被邀到该院讲课，再次见到那个女员工。她已经调到了研究院工作，并成为一个部门的主管了。和上次见面相比,她充满了朝气与活力。是什么改变了她？在私下的交流中，

她深有感触地说:"只要不找借口,那些原来难以解决的问题,其实都能得到很好的解决。只要不躲避问题,工作中的那些沉重的压力,是可以变成动力,并且能畅行无阻地走过去。"

讲课的年轻人不由得想起了曾经看过的一组漫画,漫画中有一群人拖着沉重的十字架朝前方艰辛地前进着。其中一个自以为聪明的年轻人,用刀子将十字架一次次地截短。少了十字架的牵绊,他走得越来越快,把同行的人远远地抛到身后,他在心中偷偷嘲笑那些背负着沉重的苦难和压力的人。眼看就要到达美好的世界,他的步子越来越快,因为他背负的十字架越来越短。忽然,他看到通往前方的路被一道深渊截断了。他只能无奈地看着深渊。没过多久,那些一直背负着沉重十字架的同路人走到了这里,他们把十字架搭在深渊的两岸,陆续从上面走过去。从他们背负了一路的苦难和压力的上面,越过了深渊,走到了平坦的大路上。而这个自作聪明的年轻人,却无计可施,他跌坐在地上,只好苦等着命运的安排。

一个人找借口的人,总会有说不完的理由。到了最后,只能让自己在不断抱怨和痛苦中度过漫长的人生。反之,只要你远离了借口,努力奋斗往往能收到不错的效果。还可以在不断付出的过程中,使自己的境遇得到极大的改善。

做事没有任何借口。一个人在做事情时,需要尽自己的最大力量来担当个人责任,在做任何事情时,都不应用借口来推卸责任。

格兰特将军毕业于美国的西点军校。南北战争时期,美国总统林肯曾经找过多名指挥官担任联邦军队的总指挥,都以战败告终。直到他任命格兰特为统帅,联邦军队才转败为胜,取得了最后的胜利。

在欢庆胜利的果实时，有人问他取得胜利的主要原因，他说："打仗没有任何借口。"

他认为，人们找借口无非有两种情况：第一情况，有些人在工作还没开始，就找借口为自己开脱，究其本质是不想去做这件事。第二种情况，也有一些人在开始时会努力工作，一旦遇到困难和问题就会退缩和放弃，之后会找个借口让自己变得心安理得。

格兰特将军首次打仗时，带领了一支部队与敌军交战，快接近对方阵地时，他紧张得心都要从胸口跳出来。他认为对手要比自己强大，真正较量的话，自己有可能失败，甚至丢掉性命，所以他一次次想给队伍下令停止前进。但是，"没有任何借口"这句话一直萦绕在他的脑海，促使他硬着头皮带着队伍冲向对方的阵地。当他的队伍刚刚冲上一座山冈时，意想不到的情况出现了：对方阵地上，居然没有一个人影。原来，对方的首领也因为害怕，就在格兰特的队伍要向他们冲锋时，对方的指挥官带领部队撤离了。

有了这次经历，格兰特说："在以后的战争生涯中，自己再也没有害怕过。因为面对问题的害怕，是一个人放弃解决问题的借口。而没有任何借口，能让一个人所向披靡。"

"没有任何借口"，既是军队的理念，也是成功人士的理念。无论是团队还是一个国家都需要这种精神。在成功的道路上，除了要远离借口，还需要跨过人为的心理障碍，跨过了这个坎，你的事业之路才会四通八达。

克拉伦斯在威尔敏兹公司担任推销员，他是一个很有前途的年轻人。一天早晨，他走进了老板的办公室，对老板说："我想辞去现在的这份工作。"

"为什么，说说你的原因。"老板迫不及待地地问他。

"我觉得自己不是做推销员的料。我没有耐心，而且也没有能力做好这份工作，我认为自己不配再领公司的薪水。"克拉伦斯的话让老板大感意外，他很佩服小伙子的勇气。老板心想：这么可贵的品质，如果用到工作中，那就更好了。想到这儿，老板做了一个特别的决定，他没有同意他的辞职，而是盯着克拉伦斯的眼睛说："我对你很有信心，认为你完全具备做推销员的特质。我要求你去挑战自我，相信自己！你能够将推销员工作做好！克拉伦斯，你整理一下资料，现在就出去推销，到下班时一定能够收获很多订单。"

克拉伦斯大感意外，他很惊讶地盯着老板，眼中闪出了一道光亮。稍后，他便自信地走出了办公室。

离下班还有半小时的时候，克拉伦斯回到了公司，已没有早上的盲目和无所适从，从他身上流露出的是自信和胜利的喜悦。那天，他做出了很好的成绩。而且，自那天以后，每天的工作都能收获不错的成绩。克拉伦斯的实话实说实际上是在为自己找借口，但是老板适当地开解让他重新找回了自我。

在工作中，有不少的人都拥有成功的特质，而借口埋没了他们的真实实力。想要挖掘他们的潜力，必须帮助他们跨过自我心理的障碍，将借口远远地抛开，这样才能造就事业的辉煌。

6."借口"是阻碍你发展的绊脚石

想要发展好事业，就一定不要为自己找"借口"。积极的人将挫折看做是成功的垫脚石，而消极的人将挫折看作成功的绊脚石，并让机会悄悄溜走。

傅小姐大学毕业后，就进入了一家大公司，在一个女老总身边做秘书。工作虽然繁杂琐碎，但她都能有条有理的做好一切。而且她是一个平易近人的人，和公司所有的同事都相处得很好。一次，和同事的偶然谈话中，她得知了老总身体不适的消息，果然，在接下来的日子，老总时常不去公司。对于老总的身体，傅小姐格外留心。

一天，她去上班的路上发现了一则特效药广告，广告上介绍的那种药物对老总的身体会有很大的帮助，于是她赶紧将药买下。没想到这一耽搁，让她迟到了半小时。公司有个重要的会议，老总正急着找她要资料，对她的迟到很不客气地训斥了一番。当时，她非常委屈，本想作解释。但转念一想：不能迟到是公司的规定，自己有什么理由不去遵守制度。于是，她赶紧向老总道歉，稍后，就进入了正常的工作状态。

下班后，她悄悄地将药放到老总的办公桌上，正要离开时，老总开会回来了，她发现了桌上的药，一下子反应过来。当得知真实情况时，老总对自己早上的言行很内疚，问她："你怎么不早说呢？"傅小姐却真诚地回答说："您对我的批评是对的，不能迟到是公司的规定，每个员工都应该遵守。无论是什么理由，我都不能找任何借口。"经过这件事后，老总对她更是刮目相看。

过了一段时间，又发生了一件事。那天，老总请客户吃饭，叫她陪同并记录谈话要点。没想到结账时，老总发现自己竟然忘记带钱包，而她带的钱也不够。这下脸可丢大了。老总只好给一位部门经理打电话，部门经理赶来才免去了尴尬。

这件事情老总并没有责怪她，但是她却心存愧疚。她觉得作为秘书没有尽到应尽的责任，这是自己的失职。于是连夜写了一封检讨书，第二天一早便交给了老总，同时主动提出罚自己200元。秘

书的举动让老总备感意外，傅小姐接着说："这不是简单地向您道歉，而是从工作标准来要求自己。在这件事中，我有两个失误：第一，出门时，没有及时提醒您是否带了钱；第二，自己也应该预备一些钱，以免救急用。秘书的工作确实琐碎，如果缺乏责任心，一旦出问题就可能是大问题。这次失误虽然没有造成什么大的损失，但是如果我不严格要求自己，以后还有可能在工作中犯更大的错误，假如不惩罚自己，以后怎么做好工作。"

秘书的精神让老总大为感动，为了成全秘书，老总收下了200元罚金，在工作中也更加信任她。

还有一次，公司与同行业的其他公司进行合作，公司的高层经过商榷，都觉得方案可行，老总也准备签字。在这关键时刻，她及时提醒老总，对方提供的合作条款中隐藏着很大的问题。老总立即高度重视，果然发现了问题。她的把关，帮公司避免了一次巨大的损失。

这回，她不仅受到了老总的器重，还得到同事们的一致认可。2年之后，这位年轻的秘书，荣升为公司的总经理。

这位秘书用自己的热情认真地对待自己的工作，不仅做好自己的本职工作，还会关心其他的事情。在工作中，她尽心尽力地为领导办事，不求表扬，反而时常检讨自己。

所以，想要有发展，就必须"没有任何借口"。五花八门的借口或许会让自己暂时脱离困难、危险和责罚，但是认识不到事情的重要性，反而可能会耽误自己。

很久以前，有一个商人在镇上买了很多盐。他把盐装进了袋子里，然后让驴子驮着。商人急于赶路，不停地催促着驴子。可是盐袋太重了，驴子走得十分不情愿。后来走到了一条河边。在渡河时，驴子东倒西歪地跌进了河里。盐袋里的盐被水溶化掉了，减轻了很多重量。商人很生气，一路上不停地骂驴子，可是驴子却因此非常高兴，它感觉背上轻松多了。"这样很好，下次就可以照这种方法来减轻重量了。"尝到甜头的驴子，满心欢喜。到了第二天，商人又带着驴子到镇上去。这一次买的不是盐，而是棉花。棉花在驴背上堆得像座小山。商人对驴子说："走吧，回家。今天的行李体积虽大，但并不重。"但驴子却装出一副棉花很重的样子，慢吞吞地走着。不久后，又来到河边，驴子假装掉进了河里。但是这次，它没有那么幸运了，因为棉花在浸水之后，重量成倍增加。驴子淹死了。

如果它不要小聪明，不找理由，不找借口的话，又岂会落得如此悲惨的下场？

"没有任何借口"在中国体育史也创造过辉煌，其中，中国女排是一个让人难以忘记的团队，曾经有过"五连冠"的奇迹。当时中国女排的教练是袁伟民，他对女排队员要求很严。女排的主攻手是郎平，她不仅技术水平高，而且还是一个乐于关心别人的人。

在一次训练中，郎平做完了自己的练习，主动留下来帮队友们补课。不知道是不是因为太累了，她并没有全力以赴练习，没有像对待自己那样去训练别的队员。可是，教练袁伟民没有丝毫地放松，仍然对她的扣球尺度把得很严，让她练了一次又一次，到了后来还被罚多做了几组。郎平又气又累，甚至流下了眼泪。照理，她主动陪练，应该得到表扬，可是她不但没有得到表扬，反而因为一时不

到位而挨了罚，这对于大多数人都是无法接受的。但袁伟民不去理会那些理由和借口，他要锻炼出一流的团队。而要想在强手如云的世界排球赛中夺得金牌，就必须要用严格的标准来要求队员。他没有被郎平的眼泪所动，而是更加严格地要求郎平。

经过冷静地思考，郎平认识到训练的重要性，不论是自己训练还是帮助其他队员进行训练，都不能放松标准。她很快调整了状态，在以后的训练中，她每次都以高标准、高质量的要求训练自己和队员。

中国女排能取得不错的成绩，主要是她们在训练中没有任何借口的结果。成功本来就不是一件简单的事，要想成为成功的人，就必须拥有耐心。只有积聚一定的力量，才能发挥出真正的潜力。而借口，是为了让自己脱离失败，得到心灵上的满足。在这种情况下，又如何能冲破一切困难呢？

7.行动是走向成功的有效途径

成功需要脚踏实地，不能空想，更不能空谈，要以实际行动来证明自己的做事态度。梦想固然美好，可是不是现实。要想将梦想变成现实，就要踏上行动的桥梁，只有这样，才能走向成功。

有一个孤独的人，一次偶然的机会让他看到一个关于电话的广告，广告内容是有了电话，朋友就会不请自来！为了排解孤独，他动手安装了电话。白天他卖力地工作，回到家之后就整晚寸步不离地盯着电话机，可是没有接到一个电话。他并没有善罢甘休，心想：朋友的电话会不会在白天打过来，为了不漏接电话。他开始抓狂，他不能让这样的事情在自己的眼皮子底下发生。终于，他从信箱里又拿到录音机的广告：有了录音机，电话不漏接！于是又装了录音机。大概有一个星期，他又把录音机退了，因为无声的录音机，让房间看起来更加寂寞。

一个不善于结交朋友的人，即便装再多的电话，也不会有朋友来的。因为他没有行动，他只不过是在等待，等待是不会产生任何结果的。

想要彻底改变命运的人，不能将自己的理想停留在"想"的层面，而应该付出真正的行动。只有行动才能改变现实，只有行动才能实现梦想。即使你的行动很慢，但是只要你去做了、去行动了，终究可以收获到卓越的成就。

有一家钟表店，店里摆有各种各样的钟表。有一只刚组装完毕的小钟被店主放在了两只旧钟当中。两只旧钟看到新来的小伙伴，心里非常高兴。其中一只旧钟对小钟说："孩子，你可以工作了。不过我有点担心，你走完3200万次以后，恐怕会吃不消呀。""啊？3200万次？"小钟一听这个数字，顿时吓坏了："要我走这么多次，实在是太难了呀！"另一只旧钟看见小钟有点害怕，说："孩子，你别听他的。不用害怕，你只管每秒'滴答'一下就行，非常简单。""真这么简单吗？"小钟有点半信半疑。"好，那我试试吧。"于是，小钟每过一秒钟就"滴答"地摆一下，它觉得一点也不难。就这样，日复一日，年复一年，不知不觉中小钟已经摆动到了3200万次。

小钟的经历让人们看到，想要取得成功实际上并没有想象中的那么难。有了理想和计划，每天用心去做就行了。用心做了，总能改变现实，这样，离成功的步伐也就更近一些。

毕业于杭州师范学院的外国语专业的马云,曾经当了六年半的英语老师,在这期间他用业余时间接了一些外贸单位的翻译任务,几年下来也没挣到什么钱,可是却闯出了一点名气。1995年,马云受浙江省交通厅委托到美国催讨一笔债务。这趟美国之行,马云虽然没能完成任务,却发现了一个"财富秘密"。在美国,马云第一次了解到了互联网,之后,他在网上联系了一个能为自己的翻译社做广告的业务。上午10点他把广告发到网上,中午12点前就收到了6个电子邮件,这让马云看到了契机,意识到互联网的市场前景不可估量。

债务催讨失败后,马云回到了杭州。他萌生了一个大胆的想法,准备将中国企业的资料集中起来,将其快递到美国。他想在美国找一个专业的设计者做一个好一点的网页向全世界发布,然后向企业收取费用来获得利润。马云找了一个合作伙伴,加上他的妻子,一共三人,他们用两万元启动资金租了间房。之后,创办了第一家属于自己的网络公司——海博网络公司。

当时的中国,很多人都不知道互联网的概念,他们并不信任马云的公司。但是,马云并没有因为大家的不理解而束缚自己的脚步。1995年,马云把广告做到了中央电视台。当时有个编导见到马云后对记者说,这个人不像好人,会不会是个骗子呀?马云并没有因此而受到打击,相反,他仍然疯狂地做着自己认为对的事情。每天,马云都会提醒自己:"互联网将会影响人类的未来生活,它是人类30年的3000米长跑,你必须坚持下去,要像兔子一样快跑,乌龟一样耐跑。"

到1996年,马云的网络公司一下子做到了700万!在这一年,互联网也渐渐开始普及,外经贸部也注意到了马云的公司。1997年,马云被邀请到北京，参与开发外经贸部的官方站点。之后，马云的创业思路也渐渐成熟，他想用电子商务为中小企业服务。即将离开北京时，马云对同伴们说："我要回杭州创办一家自己的公司，从零开始。愿意同去的，只有500元工资；愿留在北京的，可以介绍去收入很高的雅虎和新浪。"经过三天的考虑，部分人同意和马云同行。回到杭州后，他就着手与几个合作伙伴创办了阿里巴巴网站。

经过几个月的奋斗，阿里巴巴网站开始在商业圈中声名鹊起。同时，马云也挥舞着自己的双手，到世界各地进行演讲，他大力宣传着"B to B 模式"，他说："这是一个改变全球几千万商人的生意方式，参与到这种模式中可以改变全球几十亿人的生活。"

经过马云的苦心经营，阿里巴巴得到了飞速发展。同时马云的财富也随着时间的流逝像滚雪球一样越滚越大，马云成功了，他成功地创造了一个互联传奇。

马云拥有敏锐的商业意识，假如他仅仅知道网络的前景却没有付诸实际行动去开发网络资源，那他也不会有今日的成功！

看到机会要善于行动，只有行动，才能带来收获。因为机会是难能可贵的，只有付诸行动才能更快地走近成功。

在贫苦的现实中需要有征服困难的勇气，再加上果断地行动，征服困难便指日可待。

8.No Excuse

著名的西点军校有一句响彻世界的校训：No Excuse，翻译成中文就是：没

有任何借口。在西点看来,人人都应该像军人一样要求自己,不为失败找借口,勇敢面对自己的缺点与不足,在摔倒的地方总结经验,准备重新出发。

在深圳有一家香港公司的办事处,这个小小的办事处里,只有一位主管和一个职员。办事处刚成立时需要申报税项,由于当时很多这样性质的办事处都没有申报,再加上这家办事处没有营业收入,所以这家办事处并没有将这件事情重视起来。

三年过去了,在一次税务检查中,税务局发现这家办事处没有纳过税,于是做出了罚款决定,数额有几万元。

这家办事处的香港老板知道这件事后,非常生气,就单独问这位主管:"你当时怎么想的,导致发生这种事情?"

不想,这位主管很自然地说:"当时我想税务申报,但职员说很多公司都不申报,我们也不用申报了。另外,考虑到可以给公司省些钱,我也就没再考虑,并且这些事情都是由职员一手操办的,和我其实没什么关系。"

老板不置可否,又找到那位职员,问了同样的问题。那位职员说:"从为公司省钱的角度,再加上我们没有营业收入,而且其他很多公司也没申报。我把这种情况同主管说了,最终申报不申报还应由主管做决定,他没跟我说,我也就没报。"

这是典型的"踢皮球",出现了问题,两个人把责任推来推去,谁也不认错,只是在为自己找借口。所以老板把这两个人都解雇了。

人非圣贤,孰能无过。在工作中犯了错并不可怕,一味地推脱责任,给自己找借口才最可怕!把借口放在嘴边的人,做所有的事都会拖沓,不会赢得他人的信任,而且自己也会渐渐丧失自信心,一个没有自信的人几乎是不可能把事情做成功的。

当然，你完全有理由这样想：我的同学都比我聪明，我的同事都比我有背景，我的朋友都比运气好。但如果你看了下面这个人的事迹，或许想法就会有所改变。

清朝有一位著名的史学家，名叫章学诚。他担任过《续资治通鉴》的编纂工作和补修《史籍考》的主要工作，并亲自编纂过《和州志》、《永清志》、《永定河志》、《常德府志》、《湖北通志》等许多方志，还根据自己的经验，提出了一套系统的方志学理论。他一生的著作收在《章氏遗书》中，其中《文史通义》《校雠通义》被公认为史学、古典目录校雠学的两大名著。

如此成功的一位学者，却是当时出了名的"愚笨"之人。不仅资质愚钝，记忆力还不好。据说，章学诚少年时一天最多只能诵读二三百字的书，连文言虚字的用法都记不住。这种天资在讲究读经诵典的封建社会，对于需要博闻强记的史学，无疑都是太低了。这种"低资质"使得章学诚年轻时屡试不第，一直到39岁时才中举人。

但这并没有成为他放弃的借口，章学诚不顾旁人的议论与讥笑，抱定了做一个杰出史学家的志向。40岁时，在他的不懈努力下终于中了进士，他不顾家境贫寒，放弃仕宦之途，专心致志从事教书和研究学问。他针对自己的缺陷采取了各种有效的方法补救。一般人治史由博而专，他反其道而行之，由专到博，学一点巩固一点。他认为这种方法"学问之始未能记诵，博涉及深，将超记诵"，能够有效地克服记忆缺陷。他克服记忆缺陷的另一办法是读书做札记，他的许多著作都出自于他的读书札记。他治学持之以恒，不急于求成。他的大部分史学成果都出自晚年。63岁时，这位勤奋的学者双目失明，

没有不可能……

犹事著述,直至终身。

不计较世俗庸人的褒贬,孜孜不倦几十年如一日的努力,这让多少喜欢找借口的人自惭形秽。想抱怨的时候,难道我们比他还有理由吗?

想不经历挫折就成功,想不付出就有荣耀,这完全是做白日梦。天下没有免费的午餐,即使一次简单的渡河,也可能会遭遇各种险情。面对险情,要去发现比找借口更有用的东西。推卸责任和乱找理由都不会让你脱险,只有冷静地思考,坚定信念,相信自己,才有可能找到突破口。

阿道夫生下来的时候只有半只左脚和一只畸形的右手,他家的亲戚朋友们都为之叹息。但阿道夫的父母从不让他因为自己的残疾而对人生放弃希望,而是鼓励他去做任何自己想做的事情。父母告诉他:只要他足够努力,就能做到任何健全男孩所能做的事。

阿道夫学习踢橄榄球,能把球踢得很远,在场的所有男孩子都比不上他。然后,他请人为他专门设计了一只鞋子,参加了踢球测验,并且得到了冲锋队的一份合约。

但是教练却委婉地告诉阿道夫,说他并不具备做职业橄榄球员的条件,并建议他去试试其他的职业。但阿道夫没有退缩,而是申请加入新奥尔良圣徒球队,并且请求教练给他一次机会。教练虽然心存怀疑,但是看到这个男孩这么努力,对他便有了好感,因此就留下了他。

两个星期之后,教练对阿道夫的能力渐渐有了信心,因为他在一次友谊赛中踢出了55码远并且为本队挣得了分数。从此,阿道夫获得了专为圣徒队踢球的工作。阿道夫在那一季度中为他的球队挣得了99分。

阿道夫一生中最伟大的时刻到来了。那天，球场上坐了六万六千名球迷。球是在28码线上，当比赛只剩下几秒钟时，球队把球推进到45码线上。"阿道夫，进场踢球！"教练大声说。

当汤姆·阿道夫进场时，他知道他距离得分线有55码远。队友们把球传过来，阿道夫一脚全力踢在球身上，球笔直地前进。六万六千名球迷屏住呼吸观看，球在球门横杆之上几英寸的地方越过，接着终端得分线上的裁判举起了双手，表示得了2分。

比赛结束的哨声响起，阿道夫的球队以19比17获胜。球迷狂呼乱叫，为踢得最远的一球而兴奋，因为这是只有半只脚和一只畸形的手的球员踢出来的！

"真令人难以置信！"有人感叹道，但是阿道夫只是微笑。他想起他的父母，他们一直告诉他能做什么，而不是不能做什么。

阿道夫能创造出这么了不起的记录，正因为他一直都没有为自己的残疾找过堕落的理由，也同样因为他的坚定，才创造出了无限多的可能。

第四章 不为失败找理由，只为成功找方法

1. 选择了你的工作，就要高标准要求自己

人生的价值，最能在他所做的工作中体现出来。因此，要善待你的工作，因为你所从事的工作既是你的衣食父母，也是你创造工作价值的最佳体现。

有很多的人喜欢在工作中找种种理由，究其原因，主要是心中有太多的"凭什么"。一遇到事情，第一个念头往往是："凭什么是我？""凭什么"是人们用得最多的借口。心理若不平衡，行动上自然会大打折扣，在工作时，也不会尽心尽力。

要生活就得工作，选择了工作，就选择了不断地"被要求"。因为这个世界上不可能有让你拿着高薪，却对你没有任何要求的工作，也很难找到想做什么就可以做什么的工作。这一点非常重要，工作时，不能有太多的理由，需要主动地适应工作，要严格要求自己，主动用高标准要求自己。

孟昆玉，现任职于北京交管局宣武交通支队广安门大队，北京人都太熟悉他了。在网上，他被网友们称为"北京最帅交警"，就连中央电视台的"新闻联播"也曾经报道过他的事迹，并配发了评论《奉献最帅气》。其中有这样一段话："80后交警孟昆玉，大家多么喜欢他，最重要的一点，是他的朝气和阳光、敬业和奉献。他热爱自己的工作，在平凡中挥洒着激情，细微处展示着青春和美丽，遇

事替别人着想。'最帅交警',就是对他尽职奉献进行的最时尚赞誉。"

交警工作的环境每天都要面临风吹日晒,既要面对尘土飞扬的交通道路,还要具备很强的应变能力,与不同的人打交道,需要不同的处事技巧。

刚从事这个职业时,小孟一站到马路上就觉得头晕,根本不知道下一步该做什么。但他想:既来之,则安之。既然选择了这份工作,就一定要做到最好。之后,他为自己制定了最高的工作标准,时时督促自己好好做下去。他告诫自己对待工作,既要严格执法,也要"智慧执法"。严格执法是工作的基本准则,而懂得沟通的智慧,往往可以把矛盾降到最低,能够达到最佳的执法效果。

有一天,小孟拦住了一位酒后驾车的年轻司机。刚要处罚,司机的父亲从车上冲了下来,揪住小孟的胳膊不让他开罚单,还嘟嘟囔囔地说小孟执法不公。小孟并没有恼怒,只是和颜悦色地问了一句:"今天是您坐车,您儿子开车您能放心,可是明天您不坐儿子的车,他喝了酒自己独自开车,您能放心吗?"一句朴实的话,深深触动了这位父亲的心。他不仅接受了处罚,还对小孟心存感激。

交警不仅要按规定执法,而且还想办法减少违法现象。为了保证道路畅通及乘客安全,北京市地铁路的主路不允许出租车随意停靠车辆,交警设置了专门的停车位,但利用率并不高,出租车违章的事情还是经常发生。出租车司机也有自己的苦衷:"有时,我们也不知道该在哪儿停!"被处罚的司机一脸的无奈,小孟心动了,他决定利用业余时间,绘制出一份《宣武区地铁路段出租车停车位示意图》,把地铁口附近所有的出租车停靠点在地图上标示出来。每次执法遇到被处罚的出租车司机,他都会递上示意图。这一举措立即受到广大司机的热烈欢迎。宣武支队马上批量印制,免费发给出租

第四章 不为失败找理由,只为成功找方法

汽车公司。自那以后，该地铁路段的出租车乱停的现象少多了，被罚的司机也明显减少了。

在执法的工作中，小孟发现和平门路口两边的公交车站牌越来越多，经常有乘客找不到要乘坐的公交车站，一天下来问路的群众有时甚至达到上百个之多。于是，小孟开始对周边的公交线路进行仔细走访，在队里的帮助下，他设计制作了4面公交线路指示牌，摆放在路口周围，这样做大大地方便了乘客乘车。

交警有时还要客串医生的角色。一天，一位乘客在公交车上突发心脏病，公交车在路中间停了下来，造成了交通堵塞。就在大家手足无措的时候，小孟及时地赶了过来，简单询问情况之后，马上拿出速效救心丸让她服下。因为抢救及时，这位乘客保住了生命。

事后，一起执勤的同事还以为小孟有心脏病，要不然谁会随身携带着救心丸呢？让同事意外的是，小孟说自己并没有心脏病，只是曾经协助过救护车将一名心脏病患者送往医院抢救。从那时起，他就自己买了药随身携带，万一有什么意外情况发生，或许能为患者争取抢救的时间。

他随身携带救心丸已经有8年的时间，其间，拯救过5名患者的生命。在他的带动下，宣武支队为所有交警都配备了急救箱。

一个交警能有如此广大的胸怀，着实让人肃然起敬。假如是那些抱着"凭什么"心理的人，就会找出很多借口："遇上蛮横的人，狠狠教训一通就是了，还讲什么多余的道理。""对于不按规定停车，逮一个罚一个就是了，何必动心思示意图，这不是给自己找事做吗？""如果没有爱心，还管那么多干什么。再说，没有任何一条规定，需要交警自己掏钱来买救心丸来救他人性命的事。"

小孟则不同，他觉得既然站在交警这个位置上，减少交通事故、消除违法现象是工作的要求和职责。对于那些蛮不讲理的人，可以进行一番训斥，但他们口服心不服，下次酒后照样驾驶，真出了事故，造成的可能就是家破人亡的悲剧。如果能够把话说到人的心坎里，消除事故的隐患，大家都可以皆大欢喜。

小孟有很多让人崇敬的工作事迹，中央电视台在播放过他的报道后，不久，又播放了一期详细介绍他故事的专题《交警我最帅》。有人问他干这些事情怕不怕累、怕不怕烦，他说："我在工作中，总是追求一种被群众需要的感觉。满足群众的需要就是我工作的价值，只要能满足他们的需求，我的浑身就能有干劲，那会有什么烦和累的事呢？"这位优秀的80后青年，给人们提供了一个很好的学习榜样。不管在什么岗位，你都可以找到自己的位置，要主动去适应岗位，以高标准来严格要求自己。

做工作，就是不断地高标准要求自己。人们的需求会随着环境的变化而变化，因此，自己的提高也要不落后，只为成功找方法，不为失败找理由。面对问题与困难时，绝对不能为自己的失败找各种理由和借口，一定要为自己的成功寻找各种各样的方法。这样，许多不能做到的事情也能很好地做到，许多难以完成的任务也能轻松地完成。

胡一虎于1967年出生于台湾高雄，他是凤凰卫视著名主持人。刚做记者时，他成功采访到了曼德拉的经历，这个成就的获得正是因为他的机智灵活和对待工作的细致入微。

胡一虎被单位派到南非的约翰内斯堡执行工作。当时是1994年，南非正实行历史上第一次多种族选举，宣告种族隔离制度的终结，也预示着该国有史以来第一位黑人总统有可能马上诞生，当时民意

呼声最高的是黑人领袖便是曼德拉。来访的外国记者都是国际新闻界赫赫有名的人物，曼德拉多次接受他们的采访。而胡一虎在当时是个无名小卒，连曼德拉的门都摸不着，更谈不上采访的事情。

面对如此重要的任务，胡一虎能够轻易放弃吗？绝对不能！通过多方活动，处于对职业的高度负责，胡一虎多方打探，终于获得了一个十分重要的信息：曼德拉即将在出现另一个城市德班，进行选举结果公布之前的造势，届时，曼德拉在上台发表了简短讲话，随后揭晓选举结果。胡一虎马上意识到：在德班也许是自己采访曼德拉的最后机会！他和同事迅速赶赴现场。当时露天广场的台下已经聚集了20多万群众，想要采访曼德拉确实有点难度。

为了寻找合适的机会，胡一虎和同事在烈日下足足待了8个小时，他们尝试了接近曼德拉的各种方法。胡一虎意外地发现：在台上每个表演结束之后，曼德拉都必然与儿童演员及其家长握手致意。而表演的群众里有一些华侨演员。胡一虎灵机一动，找到一位华侨女子，请求冒充她女儿的家长，获得了上台的机会。果然，表演一结束，曼德拉就向这些演员和家长走来。胡一虎立刻把握住机会，果断地取出话筒，用当地的祖鲁语高呼："曼德拉先生万岁，天佑南非！"这样一喊，即刻吸引了曼德拉的注意。他见一个黄色面孔的人用祖鲁语向他问候，立即走过来握住胡一虎的手。接着，胡一虎马上用英文接连提问，曼德拉也给予了积极的回应。这一切，都被紧跟他身后的摄影师记录下来。

虽然只有两分钟的采访，但却非常成功。采访结束之后，现场的很多外国记者都过来拥抱他，纷纷称赞："你好棒啊！"一个来自BBC的女孩更是对他竖起大拇指，深表敬佩。成功采访曼德拉，是胡一虎新闻工作中第一个独家报道。后来，他在自传中写道："在这看似吉人天相一般的幸运背后有过多少不为人知的痛苦和心酸？如果没有最后时刻的决定飞赴德班，如果没有在台下漫长等待的8个小时，如果没有我平时扎扎实实地把准备工作做到最为充分，哪会有来之不易且无比成功的采访呢？"不可否认，胡一虎的成功是在他对于记者这份工作的高度要求下完成的。他的任务是采访曼德拉，并用"不做好工作绝不罢休"的精神改变了事情的发展。

要在工作中获得乐趣，就要正视你的工作，对它负责，做好本职工作，用高标准要求自己。因为你不是为任何人而做着工作，虽然你的老板另有其人，但是真正能获益的那个人，不是别人，正是你自己。

2.开创事业，要满怀激情

当你准备开创一番宏图大业的时候，必须具有强烈的激情。因为激情好比是风，尽管狂风有时会把船帆吹断，可是没有了风，帆船就不能向前航行。

激情是一个人的精神力量，拥有燃烧般的激情实属不易，拥有长久的激情更不是件容易的事。面对工作中的许多困难、问题与压力，许多人会以各种各样的借口放弃了激情，结果自己便趋于平庸。在成功的道路上，想要创造永久的辉煌，就应该消灭各种各样的借口，让事业的激情尽情燃烧。

辉煌的事业离不开燃烧的激情，工作的最好动力就是让浑身充满激情。激情不仅能促使一个人去努力创造事业的辉煌，更能促使人体现和创造最大的人生价值，这是一个不争的事实。了解你身边的成功人士，或许可以发现一个共同点：激情饱满、敢于挑战！

有一个企业老总,在30岁刚出头就掌管了一个年销售50亿元的大企业。有朋友问过他有关成功的秘诀,他镇定自若地说:"保持年轻的心态,工作时富于激情。"

他每天早上六点起床,收拾完毕后会听一下贝多芬的《命运交响曲》。听过激昂的乐曲后,他会对自己说:"新的一天又开始了,你要用全部的激情去迎接,好好对待自己的事业。"

无论是巅峰还是低谷,这样积极的自我心理暗示,在他的心中从未停止过。

而有些人在对待自己的工作时,状态往往是这样的:工作的第一年,干劲冲天;到了第二年,心不在焉;接下来的第三年,混一天是一天。工作时间一长,难免会有职业疲劳。面对这么没有价值的工作,傻瓜才会有激情,这些都是他们常有的想法。

生活的品质和工作的品质都有相同的道理,没有品质的工作,让人生变得毫无意义。而充满激情,是提升工作品质最好的途径。因此,要想经营好自己的生活,就必须用激情创造出有价值的工作。

刘长乐是凤凰卫视的总裁,在与当代高僧星云大师对话时,他提到了:"凤凰卫视企业文化的要诀,要想将工作做好,企业的领导和员工都必须永葆激情。"

他非常幽默地说:"凤凰卫视是一个'疯子'带着500个'疯子'共同奋斗的企业。"那么,激情为何对工作有这样大的价值?他引出一项人类学调查:"一项针对世界500强企业前100名和100名以后的首席执行官所做的情商调查显示,这些人在智商、知识层次上没什么差别,真正的差别在于激情。根据'情商之父'戈尔曼先生的分析，饱含激情的自我激励，是情商的第一要素，排前100名的首席执行官与排100名以后的首席执行官相比，前者的情商明显高于后者。"刘长乐还说过这样一段话："在很小的时候，曾读前苏联小说《船长与大尉》，里面有两句话一直记忆犹新：一句是'探求奋斗，不达目的誓不甘休'；另一句是'永远做一个出类拔萃的人'。出类拔萃不见得就是出人头地，从另一角度来讲，一个有追求的人就是出类拔萃的人。"因为人类会因梦想而变得伟大，也会因梦想而变得实干。动物只为生命所必需的食物所激动，而人类却懂得为遥远的梦想而激动万分。

如果你的要求很高，不是最好的东西皆不要，那么十之八九你都能如愿以偿。这是人们做事的原因，也是做事的成果。也有一部分人会说："至于工作，每个人都会积极地面对。谁也不想一到上班就无精打采，谁也不愿意一遇到问题就往后退，工作需要有激情，人生也需要创造一番辉煌的事业。关键的问题是，要去哪里才能找到激情？"还有很多人会说："工作时也知道工作的价值和意义，但年龄大了，要想得到改变，这比登天还难，还是将就一下吧。"需要提醒你的是：永远别指望激情主动来找你，激情不是别人能给予的，而需要你自己从内心获取。

其实，无论什么事，只要你愿意改变，什么时候都不晚。哪怕今天是工作的最后一天，也起码还有8小时属于你，你也能收获到8小时的工作价值。

敬一丹出生于黑龙江省佳木斯市，现任中央电视台著名主持人。她33岁才进入中央电视台经济部工作，对于主持人来说，这样的年龄已经不小了。在这关键的时刻，母亲的一句话及时地提醒了她。母亲说："人的命运掌握在自己手里，真要想改变自己，什么时候都

不晚。"这句话使她的命运得到了转变。

时光飞逝，转眼就到了40岁，看着镜中渐渐老去的自己，她内心的危机感和失落感与日俱增。这时，母亲的一句话再次打开了她的心结。母亲说："每一个人都不可避免会变老，有的人只是变得老而无用，可是有的人却会变得有智慧有魅力，这种改变，不是最好的吗？"这让敬一丹豁然开朗。心态一调整，工作的热情又回来了，领导依然将工作重任交给她。

敬一丹自己也说过："年龄对一个人来说，可以是一种负担，也可以是一种财富。"别给自己找"年纪大了，干不动了"、"让年轻人多干一点"的借口。这个世界既有20岁的"老头"，也有80岁的"年轻人"。如果你缺乏激情，就会未老先衰；拥有激情不灭的心态，就会青春永驻。

在德国有一个美丽的女孩，她出生于商人家庭，从小就喜欢表演，并且在长大后从事了这个职业。在她20岁时，因为高超般的演艺和清纯脱俗的气质，被纳粹元首希特勒看中。最后，她成了纳粹的专用宣传工具。

过了几年，德国军队战败，她也因此受到了战争的惩罚，被关进监狱。四年之后，刑满释放。她依然执著于自己的演艺事业，想重新回归自己喜爱的演艺圈。人们知道她才华横溢，拥有杰出的演技，但是历史的污点让主流媒介对她敬而远之，她无法继续追求自己的梦想，美好的青春年华就这样悄无声息地流失了。

又过了十几年，刑满释放的囚犯烙印还深深地烙在人们的心中。没有人敢收容她，也没有人敢用她，更没有人敢娶她，人们看到的只是她身上的瑕疵。年近半百的她，只有形单影只的生活着。岁月慢慢流逝，50岁的生日在凄凉中悄然而至。那天，她大醉了一场，醒来之后做了一个令人意想不到的决定，她打算只身潜入非洲原始部落，在那里做一些采写和拍摄的独家新闻。

在以后两年的岁月里，她承受了心理、生理上的双重压力，克服了重重困难，拍摄了大量的原始部落努巴人的生活影集。正是这些照片，为她奠定了在德国摄影界的地位。

也是这个时候，爱情之门向她打开了。曲折的经历和积极向上的奋斗精神使他赢得了一位30岁小伙子的青睐，他们志趣相投，她与对方抛开外界的舆论压力，超越了年龄的隔阂走到了一起。在后来的半个世纪，她与这位小伙子远离人间是非，深入大西洋海底世界探险。

在海底世界探险之前，她做了一个完美的计划，为了将海底世界的神秘和美丽尽可能多地表现出来，于68岁那年开始学习潜水。后来她在自己的作品集中增添了许多瑰丽的海洋画面，多彩的海底拍摄生涯让她的生命达到了百岁的高龄。

后来，有一部长达45分钟的名叫《水下世界》的纪录片成为电影界的一大奇迹。这部精美的短片也是她艺术生涯中的历史见证，同时，她的人生也得到了完美的体现。

这位具有传奇色彩的女子就是莱妮·里芬斯塔尔，是美国20世纪最具影响力的100位艺术家之一。

任何挫折都没有办法夺去一个人的激情，只要激情不灭，无论何时，你都可以去追寻你的事业，并且在你的坚持下走向成功的辉煌。

3.对所追求的事情，要找可行的方法

人生有的时候是风平浪静，一帆风顺；有的时候则波涛汹涌，曲曲折折。无论遇到何种境遇，你都要坦然面对，不悲不喜。对所追求的事情上也是一样，如意时做到不骄傲，失意时也绝不气馁，遇到挫折时更不要一蹶不振。永远都要告诉自己一定还有方法，勇于面对，就能收获成功的果实。

在成功的路上需要克服两方面的问题。第一方面，不以"我不行"为借口。第二方面，不以"环境不行"为借口。从自己身上找原因，而不是将责任都推到外部的环境。不要急着下结论，说公司不行，或者说上级和同事不行，然后一不做二不休，跳槽到另一家公司，结果又发生同样的问题。

成功的人，即使在最差的环境下，也会拥有向上的斗志。因为他们不会轻易放弃所追求的目标的决心：要么战胜失败，把困难踩在脚下；要么被失败战胜，让自己无法翻身。

郭一平是浙江天台药业有限公司的总经理，是一个充满传奇色彩的人物。他的经历并非一帆风顺。初入职场时，因为在工作中表现出色，他成为车间副主任的候选人。车间主任因为私心最终让一个能力远不如他的亲信担任了副主任，郭一平不仅没有得到升职，还被车间主任调任到其他部门工作。换了别人遇到这样的情况，估计早已无法忍受如此不公正的待遇了。但郭一平在经过一番挣扎之后，还是带着满腔热情，投入到新工作中。他的这种状态赢得了领导和同事们的高度评价，经过努力，由于成绩出色，他最终取代了车间主任的位置。

这段经历让他记忆深刻，在之后的工作中，即使他频繁地遇到挫折，也都保持最好的心态去面对，没有动摇他想成就一番事业的决心。他最终成了一位优秀的企业家。

卓越的人的一大优点是：在不利与艰难的遭遇中百折不挠，找到坚守自己追求的合适方法。当一个人的工作热情被剥夺时，外在的打击只是借口，而真正的原因，是你没有坚守住自己对生活的信念。人生一天一天地过，乐观的精神状态是你拥有的，悲观的精神状态也是你拥有的，既然乐观的精神状态能促进你的事业发展，那你为何不继续坚守而自寻烦恼呢？

所以，为了生活和工作，无论如何都要有所追求，乐观地走下去。这样不仅能为你的事业加分，也能为你的人生旅途加分。

那么，如何才能乐观地进行自己的追求呢？

首先，要勇于当自己的发动机。郭一平的乐观精神不是别人给他的，而是他发自内心的力量——有所追求，这种精神可以一直持续下去。只要你有决心，就可以找到自我激励的方法。

其次，用心情影响环境，而不用环境影响心情。很多人都会以"环境不行"为借口。你无法掌控环境，但可以掌控自己的心情。乐观的心情，是一种促使一切改变的好方法，能让主观的环境得到改善。

再次，对于自己的追求要不懈地坚持。每个人都会拥有美好的愿望，都有着做出一番成绩的激情。但你的激情为什么趋于平淡。因为，你忘记了最初的目标。你可以做一下回想，刚开始工作时，是不是拥有激情，希望做一番轰轰烈烈的事业，希望在工作中体现自己的价值，成为一个对社会有贡献的人。再经历了不如意的事情后，你是否还记得你的梦想和目标。

追求并不一定非得多么伟大，多么崇高，好好生活、珍惜生命也是一种追求。

第四章 不为失败找理由，只为成功找方法

1942年，史蒂芬·霍金出生于英国，他是英国剑桥大学应用数学及理论物理学系教授，也是当代最杰出的科学家。在年幼时，他展现过数学和物理方面的天分，而且非常喜欢问问题。之后，他就读于牛津大学，并以自然科学一等荣誉学位毕业。不过，厄运此时也悄悄降临了，霍金逐步发现自己的身体变得越来越笨拙，有时甚至会无缘无故跌倒。当霍金21岁时，他被诊断出患有运动神经元病，也就是肌肉萎缩症。医生束手无策，只是预料他的病情会不断恶化，也许只能活上几年了。当霍金刚知道自己身患绝症时，也受到了一定的打击。他不想让生命因此而终止。在医院时，他看见了一位因白血病而死的男孩，他明白了，还有人比他更不幸。"每当为自己的命运感到悲哀时，便会想起那个男孩。"还没诊断出绝症以前，霍金经常会觉得生命无聊，可一场突如其来的变故让他改为了最初的想法，他的心中升起了一个梦想：希望牺牲自己来拯救他人。霍金的未来虽然被无情地蒙上了阴影，但他竟比以前更懂得享受生命。

然而，厄运并没有就此罢手。1985年，霍金得了肺炎，为了保住生命，他接受了气管切开手术，而正是这个手术让霍金失去了说话的能力。手术以后，他的生活还需要24小时的护理照顾。此后，为了让更多不幸的人拥有生命的意义，他开始利用轮椅上的一部小型的流动电脑和语音合成器与外界沟通，他要外界的人士过得快乐。

只要拥有生命，就能看到希望。霍金告诉苦难的人们："结束生命是一个很大的错误，无论生命如何困难，总会有一些事情做得到，这是生命的意义。"

身体的残疾，并没有影响霍金的精神面貌。他每天像普通人一样生活，独立完成自己所能做的任何事情。当他的病情进一步恶化时，甚至到了无法移动的地步，但他仍然坚持用唯一可以活动的手指驱动着轮椅在办公室的通路上行走。在莫斯科的饭店中，他建议大家来跳舞，他在大厅里转动轮椅的情景真是一大奇景。当他与查尔斯王子会晤时，旋转自己的轮椅来炫耀，结果压到了查尔斯王子的脚趾头。当然，霍金早已尝过"自由"行动所带来的恶果。这位坚强的勇士，多次在微弱的地球引力下跌下轮椅，他的身体多次受伤。面对不幸，他能顽强地重新"站"起来。在平常的生活中，霍金与妻子一起争取学院的宿舍、目睹三个孩子的成长、指导自己的研究生写论文。在学术成果方面，霍金提出了宇宙大爆炸的奇点定理，又结合量子力学和广义相对论创出黑洞辐射的学说。之后，他出版了《时间简史》，这是一本有关宇宙学的经典著作，它的销量在全球的科普书中创造过历史奇迹。

现在的霍金，每天过得快乐而充实。因为他找到了人生的价值所在，找到了实现自己的人生追求的方法，这让他的生命拥有了成就感，对人类知识作出了极有意义的贡献。他说："我是幸运的，只要足够努力，每个人都能有所成就。"

想要拥有成就，首先就必须有所追求，方法有很多，可行的更是不计其数。有了适当的方法，坚持着自己的梦，梦想就在不远处。

4.相信自己可以为成功带来希望

相信可以完善自己的能力，相信可以提高个人的思想水平，同时，也相信一个人能正确认识自己。要相信一个人能够认识到自己的不足，做到扬长避短，相信具有神奇的力量，可以促进事业的发展。

在成就事业的道路上，成功的最大敌人不是别人，正是自己。只有时时

自省,弥补缺点,纠正过错,才能很好地做事情。每个人能会面临很多挫折,有的人会因为挫折一蹶不振,而有的人则相信自己能吸取教训,感悟生活,开始新的旅程。在事业的发展上,没有绝对的失败,只有不当的处世态度和解决问题的方法。

如果你遭遇困难的时候,一定要相信自己,自省也好,悔悟也罢,失败并不可怕,可怕地是看不清失败的原因,找不出来解决的办法。相信,是要肯定自己,不对自己产生怀疑。自己能跌倒,也能爬起,给自己敲响警钟,给自己打气。相信,还能让人们看到过去,坦然处之,淡定面对,并让自己正确规划未来。相信自己是做人做事的前提。如果连你自己都不相信自己,还能指望别人相信你?

在工作中,有的人也很相信自己,他们凭感觉做事,这样会给自己的职业发展带来严重的后果。凭感觉做事的人,跟着感觉走,会越想越觉得自己有理,越想越觉得委屈,因而会与别人发生争执,最后将关系弄僵。如果也学会相信别人,以宽容来对待别人,那么,一切的矛盾都会得到圆满的解决。

相信自己,道德水平会随着深入的学习渐渐有所提高,学习和工作也在一天一天中有所进步,即使免不了在生活中有消极悲观的一面,也充分相信自己能保持乐观豁达、积极向上的精神。所以,对自己信任每一位有志者实现理想、实现抱负的必要过程。

在这个浮躁的时代,人们也许会遇到类似这样的尴尬:虽然拥有富裕的物质生活,但精神世界的贫穷会使很多人会在做了错事、伤害了他人时,首先想到的不是主动承认错误而是如何逃避责任。当一个人遇到求职碰壁时,他最先想到的不是自身努力的不足、能力的差距,而是埋怨社会环境的恶劣。大多数人早就习惯在悲伤和愤懑中将自身失利的原因归咎于他人和外在的环境,对社会、自身都缺乏了安全感。长此以往,他们的自我调控能力会越来越差,一旦陷入困境,往往很难自拔,之后就会自怨自艾、一蹶不振。还有些人会陷入另一种极端，不是客观地看待是非，而是盲目地自责，这样不仅助长了一个人的自卑心理，而且还会加深内心的痛苦。可是有一些人，自我膨胀。为了避免遭受谴责，他们会选择一些欺骗手段，除了习惯性地编造一个敷衍他人的借口之外，有时还会给自己找出另外一个理由，这些理由都不利于事业的发展。大浪淘沙，相信的那个自己是一个会作出正确选择、有道德良知的人。

无论是生活还是工作都不可能永远四季如春。有时候你会不小心丢失了春天，忘记了欣赏春天的景色。但是春天却已经从你身边走过，无论如何挽留或者回望，它的脚步都不会因你而驻足。因此，你不要有太多的得失，这样不利于欣赏人生旅途的美好风景。而要相信，机遇在自己，未来在自己，一切都有被改写的可能。

席勒是美国著名的潜能开发大师，他是一位出色的演讲家。他常说："任何一个苦难与问题的背后，都有一个更大的祝福。"这是一句意义深刻的话，席勒不仅用它激励他人，也用它激励自己。另外，他还有一个女儿，正上小学。因为受到父亲的思想影响，平常在学校里也是一个充满活力的小姑娘。

有一次，席勒正在韩国进行演讲，突然接到了来自美国的紧急通知：女儿发生了意外，已经送到了医院进行紧急的救治，因为病情严重，必须进行手术，为了保住女儿的性命，必须截去一双小腿。听到这个消息之后，他匆忙结束了演讲，火速赶回美国。到达医院之后，他看到的是躺在病床上已经失去小腿的女儿。见到女儿的那一刻，席勒失声痛哭，想说点什么，但发现自己的口才消失得无影无踪了。他第一次笨拙到不知如何安慰自己的女儿，那些言辞根本派不上用场。

女儿看出了父亲的心事，于是开口说："爸爸，您不是常对我说：任何一个苦难与问题的背后，都有一个更大的祝福吗？不要难过。"席勒的眼睛里噙满了泪水，他激动地说："可是，你的腿……爸爸难过呀。"女儿继续说："爸爸，不要紧的，我的脚没了，可还有手。我的身边还有你和母亲，还有很多的朋友们，我会好好的。"

果然，在两年之后，小女孩以优秀的成绩升入了中学，并且入选垒球队。在垒球队里，她成为该联盟有史以来最厉害的垒球王。

经过不断的努力学习，席勒的女儿以自己的聪明才智和坚强的意志力顺利地考上了高中、大学。在学习期间，她善于寻找学习的方法。因此，她各科的成绩都非常优秀。毕业之后，在一家大公司就职，因为出色的能力被提拔到企业的高管职位。在她的带领下，公司的业绩得到空前的飙升，这些都是她相信自己而收获的成功。

为了能冲破逆境，让自己迈向一个新的历程，请相信自己。成功是有原因的，需要你有坚强的意志力和正确的工作方法，失败后回首前尘，成功后沉着冷静，自己有能力驾驭这些，你就会成为掌握未来的主人。

5.条条大路通罗马

想要成为成功人士，必须寻找到达目的地的方法。正所谓"条条大路通罗马"，这条路不通，还可以选择另一条道路，这样的选择才有利于找到自己的发展方向。因此，想要获得成功，必须挖掘到自身的内在优势，灵活地把握自己。而善于变通的人，可以在最终目标不变的情况下，做出一些适当的调整，这样可以化解困难，转危为安。

第四章 不为失败找理由，只为成功找方法

出生于农民的家庭张文举，特别喜欢文字，在很小的时候就想当一名作家。所以，他非常努力，每天都坚持写500字的文章。文章写完后，他会修改很多遍，然后满怀希望地寄到出版社。然而，尽管他如此努力，却一直没有收到出版社征用稿件的信件，甚至连一封退稿信也没有收到过。终于，在29岁那年，张文举意外地收到了一封退稿信。寄信的人是出版社的一位总编，相关的内容是："看得出，你是一个很努力的青年。但我不得不遗憾地告诉你，你的知识面过于狭窄，生活经历也显得相对苍白。但我从你多年的来稿中发现，你的钢笔字越来越出色了。"看过这封信后，张文举便向着硬笔书法的方向去努力，最后真的成为我国颇有建树的硬笔书法家。成功后的张文举说："一个人能否成功，需要拥有理想、勇气和毅力。但更为重要的是，人生的发展路上需要懂得转弯，这样才能找到合适的发展领域。"

道路并不一定是平坦的直道。该拐弯的时候就要适时拐弯，再继续前行。

瓦特是英国著名的发明家，他发明了瓦特蒸汽机。瓦特蒸汽机的发明解决了机械的动力问题，从而促进了第一次工业革命的兴起，极大地推进了社会生产力的发展。瓦特是公认的蒸汽机发明家，在对蒸汽机创造性的改进过程中，对传统理论和惯性思维不断地挑战，他的创新精神和实践勇气推动了成功的步伐。

因为家境贫寒，瓦特小时候没有去学校受过完整的正规教育。但在父母的教导下，一直坚持自学，到15岁时就学完了《物理学原理》等书籍。17岁那年，瓦特到伦敦和格拉斯哥的工厂当学徒工。

凭借着自己的勤奋好学，他很快学会了制造业中那些难度较高的仪器的技术，练就了精湛的手艺。21岁那年，在教授台克的介绍下，瓦特进入格拉斯哥大学当了修理教学仪器的工人。这所学校拥有当时比较完善的仪器设备，瓦特在修理仪器时接触到当时最先进的技术。也就是在这时，他对以蒸汽作动力的机械产生了浓厚的兴趣，他乐此不疲地做着自己的工作。

一天，学校的有关人员请瓦特修理一台纽可门式蒸汽机。在修理的过程中，瓦特看到了蒸汽机的构造和原理，并且发现了这种蒸汽机的两大缺点：第一个缺点是活塞动作不连续而且慢；第二个缺点是蒸汽利用率低，浪费燃料。之后，瓦特开始思考改进的办法。开始的时候，他一直着力于如何在纽可门蒸汽机原有的设计思想上进行改进，但都没有收获到实质性的进展。

过了一年，在一次外出散步时，瓦特的脑海出现了新的灵感：纽可门蒸汽机的热效率低是蒸汽在缸内冷凝造成的，如果让蒸汽在缸外冷凝或许可以解决热效率低的问题。于是，瓦特打算采用分离冷凝器的方法进行改造。在同年，瓦特又设计了一种带有分离冷凝器的蒸汽机。按照设计，冷凝器与汽缸之间由一个调节阀门相连接，使他们既能连通又能分开。这样既能把做功后的蒸汽引入汽缸外的冷凝器，又可以使汽缸内产生同样的真空，避免了汽缸在一冷一热过程中热量的消耗。根据瓦特的理论计算，这种新的蒸汽机的热效率将是纽可门蒸汽机的三倍，这个结果让瓦特欣喜若狂。

从1766年到1769年，经过3年多的时间，瓦特克服了在材料和工艺等多方面的困难，最后制造出第一台样机。同年，瓦特也因发明冷凝器而获得他在革新纽可门蒸汽机的过程中的第一项专利。自1769年试制出带有分离冷凝器的蒸汽机样机之后，瓦特就已看出热效率低已不是他的蒸汽机的主要弊病，而活塞只能作往返的直线运动才是它的根本局限。怎样才能改变活塞的直线运动方式，同时也要使活塞能够正常做功呢？瓦特打算改变这一原始方式，但一直没有收获。

到了1781年，瓦特在参加圆月学社的活动时，圆月学社的会员们提到了天文学家赫舍尔在当年发现了天王星，由此引出行星绕日的圆周运动，这启发了瓦特。他想到了把活塞往返的直线运动变为旋转的圆周运动，这样就可以使动力传给任何工作机。在那年，他研制出了一套"太阳和行星"的齿轮联动装置，终于将活塞的往返直线运动成功地转变为齿轮的旋转运动。为了使轮轴的旋轴增加惯性，以使圆周运动更加均匀，瓦特还在轮轴上加装了一个火飞轮。

到1781年年底，瓦特以发明带有齿轮和拉杆的机械联动装置获得第二个专利。由于这种蒸汽机加上了轮轴和飞轮，当这个蒸汽机在把活塞的往返直线运动转变为轮轴的旋转运动时，多消耗了不少能量。这样的蒸汽机没有很高的工作效率。为了进一步提高蒸汽机的效率，瓦特在发明齿轮联动装置之后，对汽缸本身进行了研究。他发现，虽然把纽可门蒸汽机的内部冷凝变成了外部冷凝，使蒸汽机的热效率有了显著提高，但他的蒸汽机中蒸汽推动活塞的冲程工艺与纽可门蒸汽机没有不同。两者的蒸汽都是单向运动，从一端进入再从另一端出来。瓦特心想：如果让蒸汽能够从两端进入和排出，就可以让蒸汽既能推动活塞向上运动，又能推动活塞向下运动。这样一来，蒸汽机的效率就可以再提高一倍。到1782年，瓦特根据这一设想，试制出了一种带有双向装置的新汽缸。由此瓦特获得了他的第三项专利。把原来的单向汽缸装置改装成双向汽缸，并首次把引入汽缸的蒸汽由低压蒸汽变为高压蒸汽，这是瓦特在改进纽可门

蒸汽机的过程中的第三次飞跃。通过这三次技术飞跃，纽可门蒸汽机完全演变为瓦特蒸汽机。到1788年，瓦特又发明了离心调速器和节气阀。1790年，他又发明了汽缸示工器。他把这些发明全用于蒸汽机制造上，终于发明了新的动力蒸汽机。

从最初的一知半解，发展到蒸汽机的研制成功，瓦特多次受挫、屡遭失败。但他仍然坚持不懈，不断地对前人和自己的方法进行否定和改进，这条路不通时，便会再换一条，不断尝试，便能收获成功。

在事业的道路上，需要运用智慧，做出正确的判断。只有选择正确的方向，做出适时的调整，才有可能一步步地靠近成功。

人民大会堂位于北京市中心的天安门广场西侧、西长安街南侧，是中国全国人民代表大会开会的地方，在中国人的心中乃至新中国的历史上都占据着重要的位置。也许你并不知道，这座标志性建筑的诞生，曾遭遇过"条件不够"进而"难以解决"的特殊问题。当时，中央政府决定在天安门广场上建立世界最大的会堂建筑，建筑面积总共有17万多平方米，其中一个万人大礼堂就占去了将近1/2的面积。这间屋子几乎能将整个天安门城楼装进去。如果真要修建这样的建筑，那如何消除空间上的压抑感呢？从古至今，大空间的建筑物都会给人以压抑感。可是人民大会堂是为人民而建的，要让每一个走进它的普通人都能感觉自己是主人。如果不能消除这种压抑感，大礼堂就是个失败的作品。还有，倘若在开展活动时，在这么大的空间里怎样才能让所有人都听得清讲话内容。在建筑史上没有这方面的先例，几乎所有相关领域的专家都想不到解决办法。有科学家甚至说："人均空间6立方米是声学处理的极限，大礼堂平均每人9立方米，要能都听得清，那叫世界奇迹。"这么多专家教授都找不到好方法，那该怎么办呢？相关的问题有关人员已经汇报给了周恩来总理，周总理沉思片刻之后，突然轻轻吟诵了两句诗文："落霞与孤鹜齐飞，秋水共长天一色。"无意中的两名诗文给了周总理启发，他说："我们站在地上，并不觉得天有多么高；站在海边，也不觉得海有多么远。如果可以从水天一色的意境出发，做一些抽象处理，那问题就会迎刃而解。"周总理一边阐述自己的观点，一边在纸上描画着："大礼堂四边没有平直的硬线，有点类似自然环境的无边无沿。顶棚可以做成大穹隆形，象征天体空间。顶棚和墙身的交界做成大圆角形，把天顶与四壁连成一体。没有边、没有沿、没有角，就能得到上下浑然一体的效果，冲淡生硬和压抑感。"在周总理的指导下，建筑师们给大礼堂的穹顶设计了三圈水波形的暗灯槽，与周围装贴的淡青色塑料板相呼应，当灯亮起时就如同水波荡漾。整个穹顶上还开了近500个灯孔，让人一抬起头就有种看到星空般的感觉，一举解决了大空间带来的压抑感。此外，在穹顶上还有几百万个小得看不清的吸声孔，这些吸声孔把整个穹顶变成了一块巨大的吸音板。这样一来，主席台上发出的多余音波都会被吸走，不但没有回声，还能让每个坐在角落的人都能清晰准确地听到发言人的声音。周总理凭借自己的灵感和智慧，在没有任何可以借鉴的情况下，人民大会堂的建筑由"不可能"变成了"可能"。为此，中国人创造了世界性的建筑奇迹，百姓们也是拍手称绝。

建造大会堂的是一个从"不可能"到达"可能"的过程。这项工程也为人们的工作提供了参考价值：

首先，面对条件不足的情况，不要将其作为不能完成任务的借口。条件

需要人为的创造,只要你去找方法,便可收获意想不到的结果。

其次,即便没有先例,也不能成为阻挡你工作前进的借口。这样可以进行一个创新,是突破和发展的一个过程。

再次,在处理问题时,需要灵活多样。一种方法不通,那就换一种方法,总有一种方法能够解决问题。

总之,要多方面找方法,才能挖掘出成功的潜力,也才有机会施展自己的抱负。想要有所成就,必须冲破固有的想法,才能收获圆满的事业。

6.必须依托力量,方能成就大事

俗话说:"众人划桨开大船。"任何的成功人士,都需要依托他人的力量达到事业的高峰。因为一个人的力量毕竟是有限的,只有凭借合作的力量才能最终取得成功。

1968年,李彦宏出生于山西省阳泉市。1991年他毕业于北京大学信息管理专业,随后到美国布法罗纽约州立大学完成计算机科学硕士学位。1997年,李彦宏离开华尔街,来到Infoseek搜索引擎公司,担任首席架构师。过了一段时间,李彦宏想调整自己的生活状态,想要做点什么。在时间的推移中,他有了自己创业的想法。于是,到了1999年底,李彦宏回到了中国。当时,互联网已开始走进人们的生活。李彦宏意识到这对自己来说也许是次机会,于是他决定创办自己的互联网品牌——百度。在最初的创业阶段,李彦宏和合作伙伴租了两间简陋的办公室,并召开了百度历史上的第一次员工会议。当时的百度员工只有7个人,如今百度员工已超过了7000人。

每次说到自己的成功经验，李彦宏都会说，正是创业初期这7个人的小团体奠定了百度的基础，也正是大家共同的努力，百度才会取得今天的成就，他非常感谢陪他一起走过创业时期的合作伙伴。

假如时光能够倒流，李彦宏当时只凭借自己的能力来实现开公司的理想，也许他现在只是一个海归。相反，因为有合作伙伴的支持，在短短几年的时间里，李彦宏和他的百度缔造了一个互联网传奇。这个传奇不是他一个人创造的，而是百度所有员工共同创造的。从李彦宏的身上，我们看到了团队的力量所创造的奇迹。

"一个好汉三个帮"。苹果公司就是在这样的契机下发展起来的。

乔布斯和沃滋是同学，他们上中学的时候就认识彼此了。当时，有一台"8800"对他们来说，极为难得。这是一个千载难逢的机会，可是因为没有钱，只能欣赏，而不能自己拥有。不得已，乔布斯和沃滋协商一起合作。后来，他们成功地装好了100套"苹果-I"计算机板，每台以50美元的价格卖了出去，这次他们虽然没有赔钱但也没有赚钱。经过调研，乔布斯敏锐地发现了一个重要的市场信息：每一个人都希望买到一台整机，而不是散装的配件。为了把外壳设计得美观大方，乔布斯冥思苦想，最终设计出了"苹果-II"。在推广成功后，乔布斯和沃滋决定开一家属于自己的公司，但金钱阻挡了他们的前进步伐。在关键的时候，乔布斯和沃滋遇到了好朋友唐·瓦伦丁，他把乔布斯和沃滋介绍给了另外一位企业家——英特尔公司的前市场部经理马克·库拉。库拉对微型电脑业务十分精通，他检查了乔布斯的"苹果"样机性能，并做了详细的询问和考察，还了解了"苹果"电脑商业前景。最后，马克·库拉决定和乔布斯、沃

滋一起合作。他们三人经过几天的商谈,制定出了"苹果"电脑的研制生产计划书。马克·库拉慷慨地把自己的9.1万美元投入了进去,又从银行帮乔布斯和沃滋取得了25万美元的信贷,不久之后,又有别的资金投入公司中。最后,他们聘用了熟悉集成电路生产技术的迈克尔·斯科特当经理,马克·库拉、乔布斯分别担任正、副董事长,沃滋任研究发展部副经理,苹果微型电脑公司就是这样发展了起来。

如果乔布斯没有得到沃滋的协助,乔布斯和沃滋也没有得到马克·库拉的支持,那么苹果微型电脑公司仅靠他们其中一个人就能发展起来吗?正是三人的通力合作才有了人们熟知的苹果公司。

其实,在成功的道路上,每一个人都好像是大海里的一滴水,只有凭借合作的力量,才能得到事业发展。

另外,还需要铭记:有时,凭借小人物的力量也能造就大事的成功。不要小瞧小人物,因为有的小人物生来就能与不同的英雄人物相处,善于利用,就能缩短时间更快地接近成功。

也许你想做一番事业,但能力却很有限。面对这种状况,你无须气馁。因为每一方面都有出类拔萃的人,借助他们的肩膀,与他们进行合作,你就会拥有成功的人生。

世界上没有十全十美的人,但要有足够的胆识和做事的气魄,才会有更多成功的希望。不过,你需要主动争取与他人合作的机会。因为凭自己一个人的努力,所取得的成绩终将是有限的。只有懂得与他人合作,才能做出更大的成绩。

巴纳斯是一个农民的孩子。一个偶然的机会,他从报纸上看到了大发明家爱迪生的故事,很受启发。巴纳斯是一个意志坚强、勤奋努力的人。当时他一无所有，后来有幸在爱迪生那里谋到了一份普通的工作，负责设备的清洁和修理。当时，爱迪生发明了留声机，但是公司的销售人员不能把这种新型机器卖出去。巴纳斯主动申请做了留声机的销售员，虽然工资还是那么微薄，他还是尽心尽力。当时的留声机并不是很好卖，巴纳斯几乎跑遍了整个纽约城，才卖了七部机器，这已经是不错的业绩了。为了有更好的销售成绩，巴纳斯总结了这段时间的销售经验，他重新制订了留声机的全美销售计划，然后把计划拿给爱迪生看，希望得到爱迪生的指点和建议。爱迪生看过后，非常高兴，也很欣赏他的计划，并为他的努力和细心而感动。同时，爱迪生表示希望巴纳斯成为自己的合伙人，巴纳斯欣然接受了爱迪生的邀请。从此，巴纳斯成为爱迪生的一生中唯一一位合作伙伴。对待工作非常认真的巴纳斯，提出了许多创造性建议，也得到了爱迪生的认可。巴纳斯从一名小小的清洁工荣升到爱迪生的唯一合作伙伴，他的薪水上了一个台阶，也成就了一番事业。

爱迪生凭借小人物巴纳斯的力量，最后在事业上取得了突破性的进展。无论你是谁，想要有所作为，个人的努力奋斗非常重要，倘若适当地借助他人的力量，或许就能创造出非凡的未来。

　　井深大是日本索尼公司的创始人之一，是著名的企业家、教育家。他刚进索尼公司时，索尼还是一个只有20多人的小企业，井深大在索尼也只是一个无名小卒。一次，老板盛田昭夫交给他一项重要任务，让井深大全权负责新产品的研发，并对他说，希望他能努力认真地去做，期待他能出色地完成任务。井深大说："我很愿意担此重任，但我尚不够成熟，怕是有负重托呀！"盛田昭夫在沉默了片刻

之后说:"新的领域对每个人来说都是陌生的,只要你和大家联起手来,依靠众人的智慧,就能战胜可怕的困难"。听到老板这么说,井深大的心里一下子变得豁然开朗了,他想到,公司还有20多名员工,可以向他们虚心求教,自己可以借助他们的力量完成公司的任务。

随后,井深大去了市场部,他找到了销售人员了解了销路不畅的原因。销售人员告诉他:"磁带录音机是因为重量太重,价格昂贵而不被一般人接受,所以,半年也卖不出一台。"他记录了相关情况,并准备在"轻便"和"价格"方面做一些调整。

接着,井深大又找到信息部的同事了解了情况,从信息部他了解到,目前美国已采用晶体管生产技术,不但大大降低了成本,而且非常轻便。这个消息非常重要,正好可以借助这样的方法,将磁带录音机整改一番。于是,井深大便带领同事们着手进行改进。在研制过程中,他和生产在第一线的工人们一同团结合作,攻克了一道道难关。终于在1954年成功试制了日本最早的晶体管录音机,并顺利地推向市场,索尼公司的业绩也由此而得到了大幅度的提升。

井深大因为懂得与他人合作,成功地调动起团队成员的积极性,并且发挥出了合作的力量,最后通过自己的努力和同事的帮助完成了艰巨的任务,为公司创造了可观的利润。之后,井深大也因为出色的能力晋升到了副总裁。

想要取得成功,个人的努力奋斗固然很重要,但还要懂得借力使力,充分利用身边的合作力量。成功不是大人物的专利,小人物也能做成大事。要善于依靠合作的力量,你才能拥有更多更好的机会,在把握机会的同时,创造出自己美好的明天。

7.做事业的主人，让目标指导你前行

许多人觉得自己只是个给别人打工的人，是别人事业的铺路石。如果想要成为事业的主人，就需要设置一个属于自己的目标，因为事业的真正欢乐是向着一个自己认为是伟大的目标而勇敢前行的。成功者需要设立这样的目标，只有这样，他们才能找到前进的方向。还有，自己的目标应该是能够看得清楚的，这样才有可能逐步将它们变为现实。

爱因斯坦是现代物理学的开创者，是世界上伟大的科学家之一。他出生在德国的一个犹太家庭，家庭条件并不是很好。读小学和中学时，他的学习成绩也不是特别优异，但爱因斯坦的物理和数学成绩比较好。于是，他认为自己在物理和数学方面确立目标，坚持学习，才有可能取得事业的成就。所以，在读大学时他选读了瑞士苏黎世联邦理工学院物理学专业。由于选择了正确的奋斗目标，爱因斯坦的个人潜能才得以充分发挥，在26岁时发表了科研论文《分子尺度的新测定》，以后几年他又相继发表了四篇重要科学论文，而且圆满地解释了光电效应，建立起狭义相对论学说，让人类对宇宙的认识发生了重大的变革。在这些方面，他取得了前所未有的成就。

由此可见，确立明确的目标是非常重要的事情。假如他当年把自己的目标确立在其他的学科方面，那么人们恐怕就不能看到他在物理学上所取得的辉煌成就了。

确定目标是一个人的目的、方向、任务得以实现的一个伟大过程。明确的目标可以激发出一个人的潜能。为了更好地发挥出有效的潜能，可以先制

第四章 不为失败找理由，只为成功找方法

定好一个明确的大目标,然后根据大目标来建立相应的小目标,从小目标做起,逐步向大目标推进。这样一来,你就能真实地感受到目标是如此地接近,同时也能增强你实现目标的信心。

名不见经传的日本选手山田本一,曾两度在国际马拉松邀请赛中取得冠军,他是一个矮个子,世人对山田本一所取得的成绩惊讶不已。当记者一再问他有何秘诀的时候,山田本一说:"起初,我把我的目标定在40多公里外终点线上的那面旗帜上,结果我跑到十几公里时就疲惫不堪了,我被前面那段路程给吓倒了。后来,每次比赛之前,我都要乘车把比赛的线路仔细地看一遍,并把沿途比较醒目的标志画下来,比如第一个标志是银行,第二个标志是一棵大树,第三个标志是一座红房子等,就这样一直画到赛程的终点。比赛开始后,我就以百米的速度奋力地向第一个目标冲去,等到达第一个目标后,我又以同样的速度向第二个目标冲去。40多公里的赛程,被我分解成这么几个小目标。先坚持将小的目标实现,那么,成功的大目标就不会遥远。"

有很多的人在做事时,往往会半途而废。究其原因,大多不是因为事情的难度,而是觉得成功离自己太远。他们不是因为失败而放弃,而是因为倦怠而失败。在事业的旅途中,一个人如果有山田本一的"小目标"智慧,到最后定能取得大的成就。

每个人都会遇到人生的低谷期,在这个时候,请不要惊慌,也不要害怕。你需要做的就是让自己静下来,找到阻碍你前进的问题,然后设置一个明确的目标,并为这个目标刻苦努力。这样你才能将自己的目标实现,也才能造就更伟大的事业。

出生于美国得克萨斯州的泰奥加小镇的欧冯·吉恩·奥特里，是一位乡村音乐歌手和演员，以"歌唱牛仔"的形象走红。目前，他是唯一在星光大道上得到五种星的人。吉恩·奥特里一生共出版了640多首歌曲，拍摄了93部电影。在淡出娱乐圈之后，吉恩·奥特里在商业领域也有很大的成就，他成功经营了几家电台与电视台，还曾经创建过一支棒球队。

吉恩·奥特里的成功和他童年的经历有关，也离不开他长大后确立的明确目标。在奥特里5岁的时候，祖父开始教他唱歌，奥特里在这方面表现出了极大的兴趣，母亲又教给他一些宗教歌曲和民谣。12岁那年，他在叔叔的农场里打工，将赚到的零用钱攒起来，买了属于自己的吉他。15岁那年，吉恩·奥特里到小镇切尔谢的火车站上做学徒工，老板又让他做了一些铁路局电报发报员的工作。不久，他成为一名报务员，和之前的工作相比，他的薪水更多了，同时也轻松了一些。吉恩决定将吉他带在身边，休闲时拿出来自娱自乐，边弹边唱。那时，美国的经济正值大萧条时期，铁路局也同样的萧条，大批工人面临着失业，奥特里似乎也将很快成为失业大军中的一员。1927年的一天，奥特里像往常一样正在弹着吉他唱着歌。这时候，一个前来发送电报的顾客走了过来。奥特里停了下来，但是顾客却对他说："别停下来，接着弹吧。"于是，奥特里为他弹唱了几首歌曲。之后，这位顾客说："孩子，你该到广播电台去找找工作，你唱得不错。"然后，这位顾客把写好的电文递给了奥特里，奥特里看到他的签字是"威廉·罗杰斯"。原来这位顾客是百老汇的一位很有名气的滑稽演员，奥特里曾在一些报纸看到过他的专栏作品，但因为那时罗杰斯还没有走向银幕，所以，奥特里也没能认出他来。

威廉·罗杰斯走后，过了很久，奥特里才反应过来自己遇到了

一个名人。威廉·罗杰斯的话点燃了他心中的渴望,他想:连威廉·罗杰斯都说自己不错,那就试一试吧,或许可以应聘上呢?于是,奥特里开始试着走出小镇,到处寻找能够让他演唱乡村牛仔歌曲的广播电台。后来,他终于在图尔萨找到了一家适合自己的电台。

当时,全国的广播电台都处于萧条时期。他想发展歌唱事业的想法并不被看好。

奥特里在纽约的 RCA 唱片公司面试遭到淘汰,但是他心有不甘,于是向面试官询问了真正的原因。面试官告诉他,他的声音确实不错,只是公司已经签下了两名类似的歌手,希望他最好能找一个适合自己特点的领域发展,这位面试官还为他写了一封介绍信建议他先去广播电台积累些经验。几经波折,奥特里终于找到了机会,他终于灌制了一张美国西部歌曲的唱片,并且,这张唱片很快便畅销起来。不久,他又到了好莱坞,在影片里扮演了一个唱歌的西部牛仔角色。1931年时,奥特里和朋友合作创作的《我的银发老爹》获得了巨大成功,到年底时销量已达到 50 万张,之后又突破 100 万成为黄金唱片。他出版的 640 首歌曲中有一半是自己写的或是和他人合作的成果。许多唱片都达到了黄金及白金盘的销量,处女作《再回马鞍》,后来成了他的自传标题。《红鼻子驯鹿鲁道夫》,一首由故事改编而来的圣诞歌曲,在 1949 年,奥特里所演唱的版本卖掉了 200 万张,直到 20 世纪 80 年代之前,这首歌的追捧程度仅次于歌曲《白色圣诞》。奥特里成功了,他战胜了萧条的经济时代,成为自己事业发展的主人公。成功的背后是他执著地追求自己的人生目标。

如果一个人知道怎样去对待事业,那么,他所处的这个时代就会和其他任何时代一样,风雨之后见彩虹。找准自己的事业基点,就能在有利于自己发展的时代里大显身手。正确地评估自己，善于抓住所有的机遇，最后去争取、去努力，那你就能成为未来事业的主人。

8.成功，需要别出心裁

在事业的发展中，没有绝对的成功，也没有绝对的困难。人们在事业之路上之所以无法前行，主要的原因是没能打破常规去思考问题、解决问题。成功与失败，往往在别出心裁中发生改变。要及时调整思考问题的方式，重新布局规划，才有可能收获成功。

连影响力深远的美国宇航局，都曾被常规的思考模式所束缚。他们曾为圆珠笔不能在太空中顺畅使用而苦恼。于是，宇航局花费了巨资请了一些专家来研制新产品——能在太空中使用的圆珠笔。可是两年过去了，这项科研项目仍然毫无进展。为了能早日解决问题，宇航局向社会公开悬赏，征求这种"便利笔"的研究方案。许多人跃跃欲试，均以失败告终，没过多久，一个小伙子毛遂自荐，他给官员们展示了自己的"研究成果"。令人想不到的是这个成果竟然是一支铅笔，所有在场的官员都目瞪口呆，可是，不能在太空中顺畅使用笔的问题就这样轻松解决了。

这是一个很有意思的故事，虽然很浅显，在背后却隐藏了很深的人生哲理。在工作中，很多人都一条道跑到黑，不善于改变自己，面对问题不敢打破常规，习惯性地被固有的思维束缚住自己的头脑，所以在事业的发展上很难突破。相反，能够勤于思考、善于发现问题、敢于打破常规并能做出相应改变的人，往往就能获得机遇和解决问题的办法，并能取得最终的成功。

艾伦·莱恩原本是一个普通的英国人，因为伯父的关系，年轻的艾伦·莱恩继承了伯父的事业，成为了希德出版社的董事。但当他走马上任时，出版社已是举步维艰。受命于危难之际的莱恩，为了挽救出版社，他每天都绞尽脑汁地想一些办法，希望能在自己的努力下，出版社能够尽快走出困境。

一天，莱恩在外地出差，在一个候车室等车的时候，为了打发时间，他来到了候车室的书摊旁。看了半天，他发现这个书摊除了摆放一些新版书和庸俗读物之外，几乎没有什么可看的好书，而且这些书大部分都是价格昂贵的精装书，普通人购买是件很奢侈的事情。莱恩便想到，出版价格低廉的平装书应该是个不错的主意，因为这样不仅能抢占一定的销售市场，而且还能创造出可观的利润。

在当时，市场上只出售精装书，这个已经成为行规。莱恩想出版廉价图书的计划在英国出版界引起了强烈的反响，有人说他是自取灭亡，还有人说他的做法会严重影响整个图书界。然而，莱恩坚持认为这个办法是使他的企业走出困境的唯一出路。他没有理会别人的话，而是将自己的想法付诸行动——出版了第一套平装系列丛书。这套丛书共10本，规格比精装本缩小了很多，不仅节省了封面制作的成本，还节省了纸张，再加上莱恩决定以购买再版图书重印权的方式出版这10本书，大大降低了成本费。莱恩把每本书的价钱定为6便士，这样，人们只要少吸6支香烟便可以买到一本书。为了使这套书的封面能更加吸引人们的目光，莱恩设计了一个可爱的丛书标志物——一只翘首站立的小企鹅出现在了书的封面上。他还用不同的颜色表示图书的类别：紫色为剧本，浅蓝色为传记，橘红色为小说，灰色为时事政治，绿色为侦探类作品，黄色为其他类别读物。莱恩给这套丛书起名为《企鹅丛书》。一系列的改革让这套书不仅在外观上看起来鲜艳明快，而且给人耳目一新的感觉：朴实的装订，简单的线条，印刷的字迹也很工整。1935年7月，第一批10卷本《企鹅丛书》正式问世，在不到半年时间里，这套书就销售了10万册。正是莱恩的别出心裁，使自己的事业起死回生，取得了前所未有的辉煌。

成大事者，需要敢于摆脱传统观念和习惯思维方式。只有勇于改变，独树一格，别出心裁，才能收获不一样的事业。

在古希腊有一个流传已久的故事。当时，凡是来到弗里吉亚城朱庇特神庙的外地人，都会被引导去看戈迪阿斯王的牛车。而看过牛车的人们都纷纷地称赞戈迪阿斯王将牛轭系在车辕上的技巧，并被这种技巧所深深地折服。

其中有一个人不禁说道："只有很了不起的人才能打出这样的结。"

随后，庙里的神使说道："你说得很对，但是能解开这结的人更加了不起。"

那个人继续说："这是为什么呢？"

神使回答说："虽然戈迪阿斯不过是弗里吉亚这样一个小国的国王，但是能解开这个结的人，可以将全世界变成自己的国家。"

自此以后，每年都有很多人来看戈迪阿斯打的结。各个国家的王子和政客都想打开这个结，可连绳头都找不到，更找不到解开结的方法。

时光飞逝，转眼间戈迪阿斯王已经死了几百年。后来的人们只记得他是打那个奇妙结的人，知道他的车还停在朱庇特的神庙里，牛轭还是系在车辕的一头，除此便一无所知。

一天，年轻的亚历山大国王从遥远的马其顿来到弗里吉亚。他

征服了整个希腊，曾率领不多的精兵渡海到过亚洲，并且打败了波斯国王。

亚历山大国王想知道，传说中的那个奇妙的戈迪阿斯结在什么地方？

于是，神使将他领到了朱庇特神庙，牛车、牛轭和车辕都还原封不动地保留着原样，他看了一眼那个结，立即拔出随身佩带的剑，随手一挥，绳便落在地上。

亚历山大国王解开了几百年来人们都不曾解开的绳子，这都是他打破常规，寻找新方法的结果。

如果一个人一味地陷入固定的思维中，那么他将很难对自我和外界进行深入的思考，这种思维定式只会使事情无法得到突破。只要勇于打破固有的思维方式，便能发挥出独特的思维意识，用心面对问题，又何尝不能成功？

1926年，格林斯潘出生于美国的纽约，他是犹太人。1948年，他获得了纽约大学的经济学学士学位。在他的一生中，他挥舞着自己的金融魔杖，影响了全球的金融风暴。格林斯潘就是这样一个敢于打破常规的人，他靠着自己独特的创造力登上了"金融沙皇"的宝座。还有著名的洛克菲勒，他是美国的实业家、超级资本家，曾利用自己的独特思维建立了"托拉斯帝国"。洛克菲勒正是靠着打破过去的垄断方式，勇敢地将自己的实力范围扩展到了全美，才成为世界公认的"石油大王"。他的成功离不开他敢于打破常规的思维方式。

敢于打破常规，拥有别出心裁的思维方式，其实每个人都可以做到。一切成就与财富大都来自于敢于打破常规的勇气。要打破常规，就要充分发挥自己的思考能力，积极而客观地面对现实，做出相应的改变。善于思考，你便能找到成功的方法。

在工作中，该如何运用好的方法和行为准则去面对新问题呢？下面的几种方法可以作为参考：

首先，在工作中要有自己的想法。每个人都会有自己的想法，好的、坏的、消极的、积极的，好的、积极的想法需要你用心去发现，才能让自己想法逐渐扩展，开枝散叶。一个人的想象力有着无穷的力量，只有你善于利用它，便会得到意想不到的收获。

其次，抓住稍纵即逝的念头。有的灵感会在你的脑海里一闪而过，假如你认真地对待，便能收到好点子，让灵光一现成为对你的事业有所启发的力量。关注灵感，其实就是关注自己的事业，善于捕捉，就能为事业的成就带来一丝希望。

再次，敢于寻求挑战。敢于挑战的人可以接受很多的新鲜事物，这样不但能帮助头脑产生无数的创意，还能为其成功出力。

因此，要想拥有成功，就得创造机会，把握住机会。这样，才能将不可能的事变为可能。另外，在开创自己的事业时，在想法上需要新颖，千万不要随波逐流，因为随波逐渐不利于打破常规，更不容易把握住事业的前程。只有做别人不敢做的事，才能收获到意想不到的结果。

第五章　千万别学会一个叫"放弃"的词

1.果断决策，才能力挽狂澜

世人常误认为果断是鲁莽、缺乏理性和考量的，把果断看成了贬义词。实际上，果断表示的是果敢决断、不迟疑。果断决策不仅能给人们带来信心，还能帮助人们赢得先机。

人们为了心中的完美，常常患得患失，不知如何选择；优柔寡断，不知如何决定，结果得不偿失，甚至错失良机。追求完美本是无可厚非的，但如果因此而不能果断决策就变得得不偿失了。能否果断地做决定直接影响了成败。

当别人问亚历山大，他是如何能成功征服世界的，他回答说，自己只是能当机立断，坚定不移地去做好每一件与此有关的事情。希腊船王奥纳西斯则用一生印证了亚历山大的回答，虽然奥纳西斯没有征服世界，但是他成功地跨入了希腊海运巨头的行列，而他将这些成功都归功于果断决策。

少年时，奥纳西斯的父母是做烟草买卖的生意人，那时他们家生活富足，小奥纳西斯是在无忧无虑的环境下生活的。谁料天有不测风云，1922年，土耳其人从希腊军队手中收复了伊兹密尔，奥纳西斯一家人都遭遇了牢狱之灾。幸好他们付出了巨额的保释金后才得以出狱，但已经不能再留在伊兹密尔。同年9月，奥纳西斯全家人来到了希腊，希望在这里能开始新的生活。

生活是崭新的，命运却是坎坷的。奥纳西斯一家人来到希腊后一直过着穷困潦倒的生活，同乞丐无异，奥纳西斯几乎流落街头。幸好，他在一艘驶往阿根廷的破船上找到了一份工作。到达阿根廷之后，奥纳西斯又在阿根廷的一家电话公司找到了一份电焊工的工作，勉强养家糊口。

奥纳西斯没有向苦难的生活投降，他一直都在努力工作，寻找着机会，试图改变境遇。皇天不负有心人，奥纳西斯在一次偶然的机会中发现：在阿根廷，烟草是一种比较走俏的商品，可是只有本地以及南美洲的烟草，味道都很强烈，没有人卖温和的希腊烟草，这不就是商机吗？看准这个机会，奥纳西斯毅然选择了辞职，把自己辛苦积累的钱都投资在了烟草生意上。

很快，奥纳西斯小赚了一笔。但是奥纳西斯明白，这种做法并不能赚大钱，只有烟草贸易和运输才有赚大钱的可能。

1929年，在全世界范围内发生了经济危机，阿根廷也不能幸免，各地工厂倒闭，工人失业，百业萧条，海上运输业也在劫难逃。奥纳西斯却认为，经济的复苏和高涨终会来到，终将代替眼前的萧条。危机一旦过去，物价就会从暴跌变为暴涨，如果能乘机买下便宜物，价格回升后再抛出去，转手即可赚得暴利。当下的海运业虽然很萧条，但这只是暂时的，一定有复苏之日。他一直等待着时机。

一天，奥纳西斯听说加拿大国有铁路公司为了度过危机，准备拍卖家当，其中有6艘货船，十年前价值200万美元，如今仅以2万美元的价格拍卖。他得到这个消息后，决定买下这6艘船。同行们对奥纳西斯的想法嗤之以鼻，因为就当时情况看来，海上运输业实在是太不景气了，海运方面的生意只有经济危机之前的1/3，这样的状况谁还会傻到去从事海运业呢？一些老牌的海运企业家都纷纷

转行了。然而，奥纳西斯经过一番思考之后，谢绝了同事和朋友的劝阻，果断决策，赶往加拿大，买下拍卖的船只。

不出所料，经济危机过后，海运业的回升居于各业之首。奥纳西斯因为购买那些船只，一夜之间身价陡增，一跃成为海上霸主，资产几百倍地增加。

到1943年，奥纳西斯将其企业总部搬入纽约。他的船队越来越大，财路日益打开。1945年，他跨入了希腊海运巨头的行列。

有人说，奥纳西斯的成功是偶然的，但真正了解他的人却不这么认为。一位和奥纳西斯很要好的经济学家评价说："这位希腊人找到了成功的钥匙，他的果断决策是通向成功的关键所在。"果断决策并不容易，需要你能认准行情、深思熟虑后才果敢行动，而不是心血来潮或凭意气用事的有勇无谋。

阿莫斯·劳伦斯说："我们具备了果断决策的好心态，才会站在时代潮流的前列。而那些做事过于拖延迟缓的人，是根本赶不上时代要求的，他们只能被这个时代所淘汰。"

根据历史记载，凭借顽强的毅力，拿破仑的铁军几乎征服了整个欧洲。这让拿破仑成为了欧洲历史上叱咤风云的大人物，不管是在重要的战役中，还是在最微小的细节上，他都能做出果断决策。这种迅速决断的力量就像是一块巨大的凸透镜，它能聚集太阳的光线，帮助他赢得先机，使他的军队无坚不摧。而他之所以遭遇了滑铁卢的惨败，就是因为他未能当机立断地做出明智的决策。

有时候，你可能会碰到一些必须做出决定的紧急时刻，此时你也许会集中全部精力来做出一个决定。在那样的情况下，你要努力把自己所有的理解力和想象力激发出来，并马上思考更内在的东西，确保自己是在当时的情况下所能做出的最明智的决策,然后立刻付诸行动。在人的一生中,有许多的重要时刻都必须果断决策,只有果断决策,才能赢得先机,才能取得最终的成功。

一个成熟、智慧的人应该能够依赖自己、懂得引导自己并能完全控制自己。而且,人必须要有果断决策的能力,唯有这样才能赢得先机,抓住机遇实现各种可能,获得更多财富,取得更大的成功。

在1997年初,陈华下岗了。失去了"铁饭碗",她心碎似的难受。痛定思痛,她决定寻找自食其力的门路,实现自己的人生价值。

1997年9月,陈华多方筹资2000元购买了毛线编织机,并报名参加了编织技术培训班。一个月后,她用所学的技术开了一个毛线编织加工店,很快生产出第一批产品。织出的毛线衬裤规格齐全,花式多样,价格便宜。陈华的小编织店的名气一下在县城传开了,生意越来越红火。

两年后,越来越多的人见到这种毛线编织店有利可图也纷纷加入,一个接一个的编织店如雨后春笋般地冒出来,竞争日益激烈。再加上苏南针织品的低价倾销,使得编织店的利润越来越低,陈华的生意也越来越不景气。这时她主动放弃了编织市场,决定另找出路。

陈华经过多方调查研究,办起了涂料厂,高薪聘请技术员,开发出填补国家空白的产品。这次,她取得了更大的成功。

在当下这个竞争激烈的社会里,只要果断决策、敢于拼搏、积极进取,就能在人生的起跑线上赢得胜利。在成功者看来,要想成就梦想,就要在梦想的指引下英勇果敢、无所畏惧。

2008年欧锦赛的一场比赛中,克罗地亚和土耳其在全场90分钟的比赛中战成0比0平,看得观众都打起了瞌睡,因为结局似乎已

经揭晓。但是，在加时赛进行到第119分钟时，克罗地亚克拉什尼奇头球顶空门成功，1比0领先土耳其。这时，所有人都认为，克罗地亚胜利在望了。

但是，土耳其队并没有放弃，他们果断出击，在最后几分钟里仍坚持着进攻，坚持着求胜的渴望。正是这个信念和坚持，使得土耳其队在第122分钟时，攻破对方球门，不可思议地将比分扳平。

在接下来的点球决战中，土耳其队力挽狂澜，最终以3比1胜出。

机会对每一个人都是公平的，要想成就一番事业，在身处逆境时，就要咬紧牙关往前冲。不要怨天尤人，不要焦躁，要勇敢去面对，大胆挑战挫折，拿出力挽狂澜的劲头来，才有可能到达成功的彼岸。

人生的道路并不总是阳光明媚。当遇到问题时，让自己勇敢一些，去尝试挑战，去尝试各种办法。要让自己有不怕惊涛骇浪的勇气，坚信力挽狂澜就能转危为安，这样你就能走出困境，走向坦途，实现成功的人生。

2.坚持是看似愚蠢的大智慧

坚持是什么？是不撞南墙不回头，撞了南墙也不回头的执著？是不见棺材不掉泪，见到棺材无所谓的大义凛然？不，坚持是一种看似愚蠢的智慧。

坚持是柳暗花明又一村的别有洞天。最后的坚持就像临近终点的冲刺，甚至比前面的努力还要重要。如同烧水，没有烧开就关掉了火，不论前面烧了多久、火烧得多旺，都白费了。而能够坚持、善于坚持的人，才能将这种智慧运用自如。

冯坤是一家广告公司的客户总监。能坐到这个位置，和他的坚持密不可分。

刚进公司的时候，他还是一名普通的业务员。那时的冯坤自信满满，主动跟上司提出要去做同事们都不愿意去碰的20个比较难缠的客户，而且不要底薪，只按广告费抽取比其他同事高一些的佣金。

同事们都觉得他愚不可及，那20个客户早就被列入黑名单了，冯坤把那些难缠的客户揽在手里，根本就是在自讨苦吃！底薪虽然不多，但毕竟是生活保障，万一一个月下来，一个单子都没做下来，也不至于自己喝西北风。

但冯坤不以为意，坚持这样去做。

在准备去拜访这20个难缠客户前，冯坤把自己关在租来的小屋里，站在镜子前，把名单上的客户一遍又一遍地大声念出。他对自己说："3个月之内，这些人将成为我的客户，他们将向我购买广告版面。"并暗下决心，不达目的誓不罢休。

可是，这些客户果然如钉子一般。第1天，他没有谈成1个客户，第2天，第4天……直到这个月底，一个客户觉得他更难缠，便向他买了1个小版面。同事们纷纷说：看看，没错吧，谁让他自找的，这个月他只能喝西北风了。

不过，冯坤依然没有退缩。第2个月，他仍然不辞辛劳地逐一拜访客户，到第10天，终于又有两个客户向他买了版面。月底前，他又签下了一个单子。这个月冯坤觉得欣慰的是自己有了不小的进步，不在于签单的多少，而是他慢慢找到了说服这些难缠客户的方法。

同事们的眼中，冯坤依然是个傻瓜，还在做这种不划算的买卖。按照实际所得，他现在的收入还是没有其他同事高，付出的劳动就更别提了，而且看起来离他的目标完成还相距甚远。

第3个月里,事情终于出现了转机。很多客户听说几家大公司已经做了广告,而且效果还不错,他们开始担心竞争对手掌握先机,再加上冯坤的诚意和耐心,便不再故意刁难冯坤,纷纷和他签订了合同。到月底,冯坤已经和19家客户签订了广告代理协议。这个月他的收入所得,已经超过了任何一位同事。大家开始羡慕他,上司说了:这些客户都是冯坤的独家客户,谁也不能抢。事实上谁也抢不去,他们只相信冯坤。

但是,还有一个客户始终不肯和冯坤签单。同事们觉得,这样的客户没必要再去花心思了。与其跟他耗着,不如去多开发几个新的客户。

大家都没有想到,第4个月,冯坤并没有去拜访新客户。每天早晨,拒绝与他签约的客户的商店一开门,他就进去请这个客户做广告。而每天早晨,这位客户的回答都是:"不!"每一次,当这位客户说"不"时,冯坤就假装没听到,然后继续前去拜访。

到那个月的最后一天,对他已经连着说了30天"不"的商人说:"年轻人,你已经浪费了一个月的时间来请求我买你的广告,我相信如果你去找别人,可能早就得到更多的收益了。能不能告诉我,你坚持这样做的原因何在?"

冯坤微笑着对他说:"我等于在上学,而你就是我的老师,我并没有浪费时间,而是一直在训练自己在逆境中的坚持精神。"那个客户点了点头,说:"我也要向你承认,我也等于在上学,而你就是我的老师。你已经教会了我坚持到底这一课,对我来说,这比金钱更有价值。为了向你表示我的感激,我要买你的1个广告版面,这是我付给你的学费。"冯坤的坚持终于获得了这个客户的认同。

后来,冯坤的业绩越来越好,成了部门的支柱。他认为,关键就在于他比别人多了份坚持。

人们常常会劝别人说:"尽你最大的能力坚持一下,如果实在不行,至少自己不会有遗憾。"但往往是自己遇到事情时缺乏再坚持一下的决心和勇气,尽管有时心中仍有不甘,但放弃的心理占据上风,勇气和决心就慢慢消失了。于是,别人的成功变成了想当然,而自己只能一辈子平庸无奇,碌碌无为。

很少有人知道,世界闻名的法国科幻小说作家,儒勒·凡尔纳,曾经差点烧毁了自己第一部作品的手稿。幸好妻子及时阻拦,才让他坚持了下来,否则,一位世界级的小说家就很可能会消失不见了。

1863年严冬的一天,凡尔纳像往常一样,刚吃过早饭,正准备到邮局去,突然听到一阵敲门声。凡尔纳开门一看,原来是一个邮政工人。一包鼓囊囊的邮件被递到了凡尔纳的手里。他怀着忐忑不安的心情拆开一看,上面写道:"凡尔纳先生:尊稿经我们审读后,不拟刊用,特此奉还。某某出版社。"不出凡尔纳所料,他的稿件又被退回来了!自从他几个月前把自己的第一部科幻小说《气球上的星期五》寄到各出版社后,收到这样的邮件已经是第15次了。

这已经是第15次了,还是未被采用。看到这样的一封封退稿信,凡尔纳的心里别提多难过了。凡尔纳此时已深知,那些出版社的老爷们是如何看不起像他这样的无名作者。于是他非常愤怒地决定,从此以后自己再也不写了。他拿起手稿向壁炉走去,准备把这些稿子付之一炬。就在此时,凡尔纳的妻子赶过来,一把抢过手稿紧紧抱在胸前。

凡尔纳试图把稿子抢过来,说什么也要把稿子烧掉。他的妻子

急中生智,以满怀关切的口吻安慰丈夫道:"亲爱的,不要灰心,再试一次吧,也许这次能交上好运。我相信你,只要能再坚持一下,也许结果会变得非常美好。"听到妻子安慰的话,又看到她期盼的眼神,凡尔纳抢夺手稿的手慢慢放下了。他沉默了好一会儿,然后接受了妻子的劝告,又抱起这一大包手稿到第16家出版社去碰运气。

这次果然没有让凡尔纳失望。读完手稿后,这家出版社立即决定出版此书。并与凡尔纳签订了20年的出书合同。从此,凡尔纳踏上了他的成功之路。

如果没有妻子的劝导,凡尔纳可能就失去了坚持下去的勇气,那样的话他根本不会取得日后的荣誉和成功。

成功正是产生于再坚持一下的努力中,一个人的一生会遇到各种各样的困难和挫折,也就会遇到一个又一个需要坚持到下一秒的关口。前进的路上遇到了阻碍,就需要我们咬紧牙关坚持下去。"行百里者半九十",但有很多人却百里路行九十九,在最后的关键时刻功亏一篑,所以如果坚持不到终点就会失去全部的意义。

美国有一位名叫查德威尔的妇女,曾成功地横渡英吉利海峡。后来她想再创造一项世界奇迹,于是她想从卡德琳那岛游向加利福尼亚海滩。

于是,经过科学分析研究后,查德威尔选择了一个最适合的天气,再次去挑战一个更加伟大的目标。当她竭尽全力游近加利福尼亚海滩时,嘴唇已经发紫,身体在寒冷的海水里不住地打着寒战,因为她已经在海里泡了60多个小时。眼前大雾茫茫,看不见海岸,甚至连紧跟在身后的救生艇也看不清楚。她感到再也坚持不下去了,失去了游到岸边的信心，便向小艇上的朋友请求让她上船。

小艇上的朋友告诉查德威尔只有一英里远了，劝她再坚持一下，不要前功尽弃。查德威尔奋力抬起头，红肿的眼睛无法看透浓浓的雾霭，不相信只有一英里，以为朋友在骗她。于是，她一再请求："把我拖上来吧！"

在上船后不久，查德威尔裹紧毛毯喝了一杯热牛奶后，褐色的海岸边就从浓雾中显现出来。同时，她隐隐约约地看到海岸线上欢呼雀跃迎接她的人群。此时她才知道艇上的人没有骗她，她距离成功确确实实只有一英里！这时，她非常懊悔自己没能再坚持一下。

很多时候，失败就差这最后一英里，就是因为没有坚持到下一秒的勇气，才与成功失之交臂。

所以，即使是灭顶之灾，即使是无法抗拒，也请你不要松手。因为，再坚持一下，往往就能走过去。而只要走过去了，就意味着进入了一片新天地，这就是柳暗花明。而那些能坚持下来的人，就是在这些不断的坚持中把自己锻造得非常刚强，再大的困境也难不倒他们。

人们总把一个人的成功与否同环境因素的制约联系在一块儿，可是不管怎样，只要能坚持到下一秒，就一定能取得生的希望，获得最后的胜利。所以，在人生的道路上要经得起风浪，要战胜挫折、失败，就需要坚持不懈、不达目的绝不罢休的坚韧精神。遭遇坎坷并不可怕，只要你能勇敢地爬起来，坚持到下一秒，就会惊喜地发现，坚持是人生的一种智慧，给人以新生的力量和勇气，更会创造奇迹。

3.轻易放弃的人生何来光明

轻言放弃的人生难以看到光明,正因为他的人生充满了悲观、失望、无边的黑暗,因而才会放弃。

2007年诺贝尔奖获得者、美国犹他州医学院人类遗传学与生物学杰出教授——马里奥·卡佩奇是一个颇具传奇色彩的人。人们在他获得诺贝尔奖后,问他有没有在科研进入最艰难的时候想到放弃。他笑着对采访他的人说:"我为什么要放弃呢?因为在我的字典里根本没有'放弃'这两个字!"

因为幼年时那段苦难生活的磨难,马里奥·卡佩奇在研究工作中即便遇到天大的困难,都从来没有产生过放弃的念头。

在1941年的一个清晨,马里奥·卡佩奇的生活从此发生了巨大的改变。一群荷枪实弹的警察突然闯进了他的家,砸碎了房间里所有能够看得见的东西,并给正在为他准备早饭的母亲戴上了手铐。因为他的母亲是反战联盟的一员,写了大量反对纳粹德国的文艺作品。

小卡佩奇哭泣着去拉母亲的衣角,希望不要和母亲分开,可是警察却推开了弱小的他。母亲对着他大声喊:"不要哭!男孩子需要的是坚强,记住了,儿子!等着妈妈回来和你在一起,记住了,再苦再难都要等着妈妈,绝不能放弃!记住了吗,儿子,活着就永远不能够放弃。"

当时,他只有4岁!茫然地看着惨遭洗劫的家,小卡佩奇根本不知道自己今后的生活如何过,自己要等待母亲到什么时候。母亲被送到慕尼黑附近的达豪集中营里，被折磨得奄奄一息，但是无时无刻不在想着小卡佩奇，母亲不断地对自己说不能放弃！永远不能放弃！

小卡佩奇开始了流浪的生活，寒冷和饥饿使他痛苦不堪，只能蹲在街头的一个角落里，以乞讨为生。运气好的时候，他能够乞讨到一块面包充饥；如果运气不好，他只能拼命地喝水。这些他都挺了过来，而最让他痛苦的是那些比他大的乞丐经常找各种理由打他，欺负他。每当被人打得发晕的时候，他就想到死亡，但这时候脑子里面就会显现出母亲那双看着自己的眼睛，他就对自己说："妈妈一定会回来的，她答应过我的，我一定要等着她回来，我不能够放弃！"

1945年，当美国大兵打开达豪集中营的大门，从成堆的囚犯尸体中发现了他的母亲后，把她立刻送到了医院。经过抢救治疗后，他母亲的身体得到了恢复。可她刚有了一些体力就固执地要求出院，并且对医生说"我不能再住在这里了，我要去找我的孩子！"

整整四年了，他的母亲不知道在哪里能寻找到他。一个城市接着一个城市，这位母亲疯狂地寻找，最后在一个街头的角落，他和母亲同时认出了对方。久违的重逢有太多的喜悦，但让母亲惊呆的是已经快9岁的小卡佩奇，和4、5岁的孩子没什么区别，瘦得几乎没有了人形，而且正发着高烧。母亲抓住他的手，小卡佩奇从嘴角挤出一丝微笑说："妈妈，我终于等到你了。我没有放弃。"说完就晕了过去。

母亲把他抱到医院，医生也惊呆了，他们没有见过这么瘦小的孩子，抱在手里就像抱着一个婴孩一样，更让医生感觉到棘手的是严重的营养不足加上发烧正在摧毁着他弱小不堪的身体。他的母亲

天天都拉着他的手在他耳边说:"好儿子,妈妈回来了,我们不能够放弃,永远不能够放弃!"就这样,他在维罗纳的医院躺了一个多月,终于挣脱了死神的魔爪。

在他住进医院的这一天,他的母亲决定要带着他投奔在美国从事物理研究的哥哥,因为母亲不希望他未来的生活再次颠沛流离。在美国,他对学习表现出极大的热情,并且在哈佛大学取得生物博士学位,开始了人类遗传学和生物学的研究。

如果卡佩奇的母亲放弃了求生的欲望,如果卡佩奇放弃了等待母亲,那么,世界上肯定少了一位卓越的人才。只要不放弃就还有机会,但是放弃了,再多的机会也只能化为零。

"联合保险公司"的董事长克里蒙·史东,被誉为"保险业怪才"。史东幼年便没有了父亲,很小的时候就开始赚钱,担负起家庭的重担。

当别的孩子5岁的时候,成天都是快快乐乐、无忧无虑的,而史东为了生计不得不去卖报纸。

有一次他溜进饭馆卖报纸,被老板毫不留情地赶了出来。趁着老板不注意,他又溜了进去,这次老板发怒了,把他踢了出来。餐厅里的客人看不过去,同情这个可怜的小孩,纷纷劝住老板,并且掏钱买下他的报纸。虽然史东受了委屈,眼泪在眼睛里直打转,但想到口袋里有了更多的钱,就不再那么难过了。

上中学时,史东便开始试着去推销保险。当他来到一幢大楼前,童年时被人赶出饭馆的情景就出现在他眼前,仿佛昨天刚刚发生的一样。他对自己说:"不要怕,即使被赶出来也不要紧,我可以多来几次。"

史东勇敢地走进了这幢大楼的办公室,不仅没有被赶出来,而且每一间办公室他都去了。假如在这间办公室里没有收获,他会毫不迟疑地让自己去下一个办公室进行推销,不让自己因为有害怕的时间而放弃努力。他就是这样不怕失败,而且笑对挫折。

第一天,有两个人向他买了保险。

第二天,他卖出了四份。

第三天,他卖出了六份。

第四天,他的事业开始了。

24岁的时候,史东成立了只有他一个人的保险经纪社,开业的第一天生意就不错,此后,经纪社的发展越来越强大。

20世纪30年代,史东成了百万富翁。谈及创业史时,他说:"赚钱不能怕辛苦,也不要轻言放弃,要以坚定的态度去面对一路上的风雨和挫折。"

生活中的很多困难看似不可逾越,其实都是纸老虎,只要你坚持下去,永不放弃,就一定可以战胜它们。许多人认为财富根本是可望而不可即的,于是等着天上掉馅饼,这样轻易就放弃,又如何能得来财富呢?

4.获取财富需要大量的行动

对于普通人来说,财富不是唾手可得的东西。赚钱是一件辛苦的事,要想实现财富梦想,就要付出一定的代价和努力,天下没有免费的午餐,天上不会掉馅饼。要行动,大量地行动,才有可能获取财富。让·保·里克特曾经说过:"只有行动才能给生活增添力量。"善于积极主动抓住机会的人,才

会让自己的生活过得更加丰富多彩,才会更容易取得成功。

钱总是在高处,要想发财致富,不付出艰辛,不攀爬到高处,如何能得到呢?选择铤而走险,指望一夜成为暴发户?赚钱不是一夜暴富的神话,无论你现在处于什么样的境遇,只要肯脚踏实地,一点一点地积累财富,当你付出一定的努力和代价后,自然会得到你理应得到的一切。只要你付出了足够的辛苦,拥有财富没有什么不可能。

有两个兄弟,他们有一个共同的愿望:到大海的另一边去,看看海对岸的世界。可是,想渡过波涛汹涌的大海,就必须有一艘坚固的船,否则他们很可能一去不复返。到哪去找船呢?想来想去,两人决定去拜一位老木匠为师,希望从老木匠那里学到造船术。

老木匠语重心长地对两兄弟说:"要学造船,需要学习很多东西,比较辛苦,你们能撑下来吗?"两个兄弟不约而同地点了点头。

每天,老木匠都让这两个兄弟学习木匠的技能,认识木料的好坏,砍树木。没过几天,哥哥就变得不耐烦了,他不满地对老木匠说:"你这老头儿,我是来学造船的,可是你天天叫我砍树,做木匠活,根本就不是成心教我们学造船,我不要跟你学了。"然后便离开了老木匠家。

望着离开的大徒弟,老木匠叹了口气,什么都没有说。弟弟却选择留了下来,每日继续砍树,学习木匠的技能。没过多久,老木匠对弟弟说:"你砍了这么久的树,学了这么久,不好奇我为什么不教你造船吗?"

弟弟说:"老师您这么做肯定有您的用意,徒弟我愿意接受老师您的安排。"

老木匠说:"其实造船并不难,难的是需要上好的木材和扎实的工艺，这样才能抵挡住惊涛骇浪。想要看到海，不付诸大量的行动是办不到的啊。现在，这些树木已经准备得差不多了，木匠的技能你也学得差不多了，你可以开始准备造船了。"

当弟弟造好大船开始驶向海的那边的时候，哥哥却只能望洋兴叹。

空想是没有结果的，回报都是建立在付出的基础上，甚至要付出很多。汽车销售大王乔·吉拉德的成功经验表明，最重要的一条就是行动，大量的行动。

乔·吉拉德是全球单日、单月、单年度，以及销售汽车总量的纪录保持者。金氏纪录上以"全球最伟大的销售员"形容他。直到1978年1月，乔·吉拉德宣布退休后，他所缔造的纪录，迄今未被打破！

早在1977年的金氏世界纪录345页上，在"最伟大销售员"一栏中有这样的记载："美国密歇根州底特律市的乔·吉拉德，于1973年创下了前所未闻的1425辆个人年度汽车零售纪录。"而直到1991年的金氏世界纪录年鉴都还记载着：乔·吉拉德一生的汽车零售总纪录是13001辆；每月最高销售纪录达到174辆，平均每日售出6辆车！是什么让乔·吉拉德有如此神奇的能力，创造出财富的神话？

1928年，乔·吉拉德出生于美国底特律市东区的贫民窟。9岁时，乔·吉拉德开始在底特律市中心的酒吧街上当起擦鞋童，接着陆续做过送报生、洗碗工、送货员等各式各样的工作，儿时的乔·吉拉德就尝到了生活的艰辛。

25岁前的乔·吉拉德，人生满是失败记录。不过，乔·吉拉德

第五章 千万别学会一个叫『放弃』的词

从小时候就展现出作为销售员最原始、最宝贵的精神,他马不停蹄地四处奔走,仿佛永远不知疲惫。小学时,他白天送报,晚上擦鞋。当报社展开新订户比赛,只要拉到订户订阅一个月的报纸,就能换得一箱百事可乐作为奖赏和激励时,他挨家挨户按门铃争取订户,而且绝对不会因为碰钉子而放弃。他发现推销是一种乐趣,而且只要能和越多人谈上话,他的推销成绩就越好。

直到25岁时,乔·吉拉德遇到生命中第一个贵人——营建商阿比·萨巴斯丁,不只教他盖房子、做生意,并在退休时把生意全交给了他。好不容易找到一个安身立命的栖息点,35岁的乔·吉拉德却在扩大生意时被骗,买了一块没有下水道设施的土地,盖了一堆卖不出去的房子,最后只得宣告破产,还负债六万美元债务,令妻儿挨饿度日。

正准备向人生顶端进攻时的乔·吉拉德,人生却跌落到无边的谷底。他回忆自己的人生时说:"在我人生的前三十五个年头,我自认是全世界最糟糕的失败者!"走投无路时,乔·吉拉德向朋友求得汽车销售员的工作,因为没有经验,差点被拒之门外。但是,乔·吉拉德做出了承诺,并开始积极地行动。结果上班第一天,他出乎意料地卖出第一辆车给一位可口可乐销售员。

在他的眼中,第一个客人就如同是一袋食物,一袋能喂饱妻子儿女的食物。他向老板预支薪水,从超市买了一大袋食物回家让妻儿饱餐一顿,那天回家后,乔·吉拉德对太太琼发誓,从今以后不再让她为温饱而烦恼!

乔·吉拉德15年的汽车销售员生涯,正是在美国经济大环境最不稳定的时刻。1964年,美国经济受越战拖累;1973年,全球又爆发第一次石油危机,使得美国汽车销售量下滑。但他在逆势中,一年还能卖出1400多辆车子。

为了获得更多客户的认同，乔·吉拉德想出了许多办法，并付诸实践当中。没有人脉的乔·吉拉德，最初仅仅靠着一部电话、一支笔和顺手撕下来的四页电话簿作为客户名单拓展客源。只要有人接电话，他就记录下对方的职业、嗜好、买车需求等细节，虽吃了不少闭门羹，但多少有些收获。曾有人在电话中用半年后才想买车的理由打发他，半年后，乔·吉拉德便提前打电话给这位客户。这些方法为乔·吉拉德取得了成功，并成为了后来销售员竞相学习的典范。但是实现这些方法的大前提是要走出去，要付出大量的行动，否则再完美的方法也无济于事。

美国箭牌糖果有限公司已经成为国际糖果业界的领导者之一，是全球最大的口香糖生产及销售商、销售额超过50亿美元的跨国集团公司。"箭牌"口香糖的创始人威廉·瑞格理，在20多岁时从美国费城来到芝加哥谋生，当时的他除了兜里有32美元，再无其他。为了找到落脚的地方，他挽着篮子在大街小巷上推销肥皂。慢慢地，他发现发酵粉是一种利润很高的商品，便购进了一大批发酵粉准备大干一场。可是强龙压不住地头蛇，他根本不是当地人的对手。他想出了一个主意：把发酵粉和口香糖捆绑销售，顾客买一袋发酵粉就能得到两包口香糖。这个主意非常不错，发酵粉很快被销售一空。

这个年轻人没有停下脚步，而是继续追寻财富。他把所有的家当都投注在了口香糖上，因为他预计口香糖在未来一定会有更多的市场，发展前景要远远超过肥皂和发酵粉。为了让自己的口香糖变得更加响亮，能快速售出，他没有选择做广告，而是把全美各地的电话簿都搜集起来，然后按照上面的地址给每一个用户都寄去了4包口香糖和一份意见表。他的努力没有白费，一夜之间，"箭牌"口香糖成为了风靡全国的品牌。

那些真正赚到钱的人,都是付出行动的人。人常说:"赚钱是一件苦差事",任何一个成功者的第一桶金,都浸透着他的血汗。要知道,这个世界上应该的事情太多了,但最后能否兑现,还得要你亲自去把握。这个亲自把握就是你要付出相应的辛苦,付诸行动。

5.迎难而上让你更强大

所谓困难就是超过能力所及的事。当人们遇到困难时,常常有两种选择,要么知难而退,要么迎难而上。知难而退需要明智,如果缺乏睿智,把"难"当成自己不想努力奋斗的借口,不仅没有办法攻克困难,还会与成功失之交臂。而迎难而上需要的则是勇气,"难"的确是障碍,但是要有必胜的决心,经过一番磨难后,你会变得更加强大。

他是一位影帝级的人物,蜚声于国际。从《少林寺》的小和尚到大侠黄飞鸿,他所塑造的影视形象都深入人心,荧幕上的他可以说是无限风光的。可是,这个荧幕上身怀绝技,无论在肉体还是精神上都非常强大的硬汉,他的背后同样有着辛酸与泪水,他的朋友给他起了个外号"死过一百次的生还者"。他之所以成功不是没有缘由的,皆源于他不服输、迎难而上的精神。

在两岁的时候,他的父亲就过世了,母亲一个人挑起了抚养5个孩子和两位老人的生活重担,家境的穷困可想而知。他很小的时候就加入了武术队,每个月都将微薄的津贴拿来贴补家用。从11岁开始，他不负众望，连续5年拿到全国武术比赛冠军。18岁那年由于出演《少林寺》一夜成名，成为了影视界一颗耀眼的新星。没想到，苦难尾随而至。第二年，他摔断了腿，医生在做了7个小时的手术之后，遗憾地对他说最多只能保证行走。医生还为他开出了一张三级残废证，告诉他凭这个证可以领到赔偿，以后的日子能好过些。

他没有向困难低头，而是迎难而上，开创事业的高峰。他没有因此而一蹶不振，反而开始勇敢地向命运反击。在拍摄黄飞鸿系列电影之后，他的名字和这位传奇人物再也分不开了。可是就在这时，他的经纪人却遭到枪杀，这使他的事业再度陷入低谷……他也想过知难而退，甚至想出家了结残生。幸好，遇到少林寺的一位高僧指点：尘缘未断，出家并不能真的解决问题。困难的出现是为了让自己成为强者，不再是弱者。

后来他去好莱坞发展，事情也并不顺利。虽然他当时的老板杨登魁花了上亿元，不惜重金为他打造形象、创造机会。但是，高傲的好莱坞并不愿意接受这个身高只有169厘米的华人。曾经有一次在片场，导演将剧本摔到他的脸上，冷冷地问道："你是不是不会英文，所以没有看懂剧本？"

他忍无可忍，当天晚上给少林寺的高僧打电话，而对方只是淡淡地说道："这些年你吃了不少苦头，但回过头来想一想，是现在的你强大，还是过去的你强大？"他仔细回想自己半生的经历，想想之前的困难，现在看起来确实都已经不值一提，而在当时，不也是感觉自己被逼得无路可走？至少，现在的承受能力已经变得越来越强，困难确实让自己变得更强大。从那之后，他不再畏惧任何困难，他对那些困难甚至是抱着欢迎的态度，朋友都觉得他简直是疯了。但是，他很清楚，那只不过是困境中对自己的一种修炼。

他就是李连杰。困难如影相随，迎难而上铸就了他的成功和不凡。

只要你敢于迎难而上，发挥潜力，就会发现自己的能力在不断提高，而困难在不断被克服之后，就会从恐怖的高山变成矮小的沙丘。

央视《新闻会客厅》栏目是以采访政府高级官员为主要内容的，约访难度极大。栏目主持人沈冰，却是一个敢于迎难而上的主持人。

有一次，节目组决定请国资委主任李荣融来参加节目，提前把方案交给他身边的工作人员，可是一直没有得到回音。

得知李荣融要去京西宾馆开会，沈冰和同事们便决定分两路包抄，"围追堵截"。

根据信息，李荣融会先到贵宾间休息，于是沈冰提前半小时赶到贵宾间，准备在那里提出请求。可是没想到，李荣融直接去了会场，沈冰赶到会场时，会议已经开始了。

在开会的过程中是不方便打扰李荣融的，只能等到散会。别人都觉得一直等下去不是个办法，就劝沈冰别等了。可是沈冰却没有放弃。

整整六个小时之后，会议才结束。沈冰立刻冲上去找李荣融，李荣融看着这个敢于迎难而上的女主播，爽快地同意了接受采访。

其实那些"不可能办到"的事情，有时候只是需要再坚持一下、再多一点冲劲，就可能办成。

这世上不会有哪一份工作是一点困难都没有的，当你去挑战那些看起来困难到不可能完成的任务时，可能会觉得有很大的压力。但是当没有任何借口，"紧盯"目标，努力把任务完成以后，你就会惊喜地发现，自己的能力得到了提升，意志力也得到了锻炼。这对你以后的发展绝对是有利的。

　　舞台剧演员杰克·克鲁格曼处在演艺生涯的黄金时期的时候，像每个演员一样，梦想着自己能够走上奥斯卡颁奖典礼晚会的红地毯。然而，他却被告知自己得了扩散性喉癌，需要动手术。手术后，他右边的声带只剩下了一小截，以说话为生的他现在连低声说话都很困难。

　　但是，杰克没有放弃。在朋友的帮助下，他开始了声带练习，尽管这些练习在常人眼中很奇怪，他仍然坚持着。终于在四个月的努力后，他听到了自己微弱的声音，这让他兴奋无比。

　　问题是要登台演出，即使有扩音器的帮助，如此微弱的声音是远远不够的。杰克一刻也不愿错过锻炼，竟然在半年后，声音从细若蚊蝇奇迹般变得洪亮了起来。

　　当他重返舞台后，心里万分紧张的他，在说出第一句台词之后，不仅自己听不到自己的声音，观众们也都毫无反应，他大脑陷入了一片空白。但是困难并没有让他放弃，做一个逃兵。在接下来的演出中，他依然努力地说出自己的台词，扮演好自己的角色，终于，杰克用自己的不懈努力赢得了观众们的笑声和掌声。

　　正是迎难而上的巨大力量，让杰克又回到了心爱的舞台，回到了那个属于他的位置。

困难无处不在。中国台湾地区最大出版集团——城邦集团的首席执行官何飞鹏，在新浪网"文坛开卷"访谈时说："我常常跟我的同事分享这样的观念，我说如果你能挑十斤，然后你现在挑了八斤、九斤，最后你挑了十斤，你觉得你很有成就感吗？不会，你现在只能挑十斤，然后你能挑到十一斤，

你做到这件事你才很有成就感。"

上述道理很生动也很实在。公司也经常告诉自己的员工：如果你害怕困难，见到困难就找借口绕过去，那么很可能你的路越走越低，最后四周全是你无法逾越的高地。

如果能迎难而上，那么当你回首时，就会有"会当凌绝顶，一览众山小"的快意潇洒。你会发现自己完全有能力攀登更高的山峰！

没有过不去的坎，没有闯不开的路，再试一次，再坚持一下，一切皆有可能！一切困难都是为了让你变得更强大。

6.把不可能变成可能的神奇魔法

把"不可能"变成"可能"，世界上真有这样神奇的魔法吗？这需要人们练就一双慧眼，用"火眼金睛"看到事物不同的一面。成功的人，会打破"不可能"和"可能"的条条框框，跳出来看待问题、看待世界。

一个普普通通的农民办了一家小型的养牛场。和当地的其他农民相比，他的收入一直只是中等水平。虽然他也想过扩大养牛场，多赚点钱，可是家人们都觉得这是不可能的事情，让他不要痴心妄想，老老实实养好自己的牛，就是最重要的事情。

一天，有一个人来到他的养牛场，想要收购一批牛粪。这个农民觉得非常奇怪，因为自己居住的村子里有好几家都是养牛的大户，牛粪随处可见，根本就不值几个钱，而且还是让村民都头疼不已的垃圾，为什么会有人愿意花钱购买呢？这件事引起了他强烈的好奇心，于是，他就开始多方打探为什么会有人购买牛粪，他们买了牛粪以后用来做什么。

费了好大劲，他才从一个商户口中得知，原来购买牛粪的人是想用牛粪来种植双孢菇。牛粪是很好的天然肥料，当然是多多益善，而这种双孢菇在市场上一公斤可以卖到4元钱，还供不应求，是一项很有发展的项目。这个"秘密"让这个农民欣喜不已，他决定一边养牛一边种植双孢菇，既保证了肥料充足又调节了经营项目。在短短的两年时间里，他的双孢菇远销海外，他的身价已经达到上百万。

瞧，不可能就变成了可能。用心生活，用心工作，发现契机，适当决断，这就是化腐朽为神奇的魔法。

天生就没有手臂的约翰，靠着自己顽强的意志和坚忍不拔的努力获得了传播学硕士学位，还被邀请到世界各地的公司和学校演讲。他从来不问："为什么我天生就没有手臂？"他只问自己："我怎样去克服它？"所有别人用手来做的事——梳理头发、点钱、开车、开门，他都用脚来做。约翰到中国餐馆吃饭是件有趣的事。当其他西方人因用不习惯筷子而用刀叉吃饭时，约翰表演了他独有的一流的技巧——用脚趾夹着筷子吃饭，而且非常熟练。对他而言，失去手臂并不可怕，许多事不可能做到也并不可怕，可怕的是自己失去了征服的信心。而有的人，本来已经拥有了健全的身躯，拥有了财富，却一夜之间倾家荡产，身无分文，这样难以预料的事情也是可能发生的。

有一年，出现了一场席卷全民的投资热，最后套牢了很多人的钱，这些投资者们血本无归。

之所以有那么多人投资，是因为这个投资利润太诱人：每年回收30%的纯利润，最后还要返本。第一年年底，那些在当年投入资本的人果然收到了30%的利润金。结果，第二年，当集资者得到人们的资金后就卷钱跑了。做发财梦的人得到的只有竹篮打水一场空。

在这次事件后，经济学家分析说："这是个明显的骗局。因为任何生意都不能轻而易举赚到30%的纯利润，除此之外还要返本给你，这样的事在日常生活中是根本不可能发生的。那些被骗的投资者，天真地认为可以把这样的不可能变成可能。"

而那些投资者哪里会想到这些，他们认为付出就要有回报，天经地义，你该给我！他们的逻辑很简单：我是投资者，投了钱，这一点似乎无可争议。但他们却不再深入地想一想，不付出任何辛苦，就等着收钱的便宜事，怎么看来都有点不可思议。这样的不可能变成可能，结果只能是悲剧。

把不可能变成可能的神奇魔法，不光会有好的一面，还会有不好的一面。看清楚事情的因与果，不可能变成可能的权力在你的手中。疯狂英语的创始人李阳，就用自己的经历印证了这句话。

少年时代的李阳是一个很内向的人，虽然已经十几岁了，还是一听到电话铃响就跑回自己屋子里。为了躲避看完电影后要给父亲讲电影的内容，李阳宁愿多年不看自己喜欢的电影。

从小学到高中，李阳多次向父母提出退学，幸亏父母从不同意，他勉强熬到了高中毕业，而且还考上了兰州大学力学系。可是在大学里，李阳还是浑浑噩噩地过日子。按照学校规定，旷课70节就要被勒令退学，可是他一学期旷课竟超过了100节，因此差点被兰州大学开除。

大学时李阳的英语成绩很糟糕，连及格都难。大学二年级时，他必须要参加全国英语四级考试了，如果拿不到四级合格证他就无法大学毕业。这次，李阳觉得他被逼上了梁山，不得不想想办法把英语学好了。

李阳自知自己是一个懒散的人，为了集中精力，他干脆跑到兰州大学校园里的烈士亭上放开喉咙大声背诵起来。这样，他坚持了一周，感觉有些效果。他便继续这样"吼"了几个星期，居然感到对自己越来越有信心，胆子也渐渐大了。接着，他去了学校的英语角，说出来的英语还像模像样，他的同班同学很吃惊，急忙向他请教有什么绝招。这让李阳更有了自信，同时决定要这样做下去。

从此以后，只要有时间，李阳就像疯子一样在烈士亭大喊大叫，不管是刮风还是下雨，他从不间断。也不管别的同学怎么看他，他依然我行我素。就这样，他复述了10本左右英文原著，在四级英语考试中，他取得全校第二名的优秀成绩。

李阳就是这样，像把自己逼到绝路上一般疯狂地努力着。他的疯狂故事也走出了兰州，走出甘肃，走向全国。

李阳有一句"格言"："I enjoy losing face!"（我喜欢丢脸！）李阳的经历就是一个放下面子，挑战自己的经历。

李阳本来是个性格内向的人，但为了挑战自我，他以英语为媒，走出了成功的第一步。他把自己学习英语的心得体会写成了很多页的演讲稿，准备去广场上演讲。美国社会学家的研究表明，在众人面前演讲是最挑战人胆量的事。他请他的同学帮自己把海报贴出去，说是有一个叫做李阳的人要搞一个英语讲座。

那天晚上，李阳简直"紧张得要吐"，可他还是上台了。虽然，在演讲的过程中他几次忘记要说的话，非常紧张，但是李阳还是坚持了下来。这次演讲获得了意想不到的成功！就这样，李阳渐渐地

不再怯场，而且常常是一讲就是几十场，他因此成了学校里的名人。

李阳的目标是要让所有的中国人都能说一口流利的英语。他要做出一番实现自己梦想的大事业。

当李阳气宇轩昂地面对忠实的听众时，他的话语总能令听众心里充满希望。因为他的演说激励人心，他的观点历久弥新，让人们深有同感。所以，他深深地受到众多追随者的景仰爱慕。

如果想证明自己的人生价值，那就一定要接受挑战，运用我们所拥有的智慧和天赋去搏击每一次挑战。老子说："胜人者力，自胜者强。"在追求成功的道路上，有一部分人失败了，他们相信不可能就是不可能，没有改变的魔法，更没有奇迹出现；而另一部分人成功了，他们坚信自己能把不可能变成可能。所以，把不可能变成可能的钥匙不是别的，就是你自己。

7.时间是最公正的礼物

时间对每个人来说都是公平的，它不快不慢，是上苍赐予人的最公正的礼物。时间之所以伟大，在于它能够创造世间的一切，也能够带走一切。它会铸就一个人的成功，助人走向巅峰，也会泯灭一个人的进取心，将人推向深渊。

时间是公正的，有的人却不这样想。毕竟，不同的人，人生的长短会有所不同。有的人，一生的时间很短暂，而有的人，却能遥望一个世纪。但是，在同样的岁月里，时间对于人来说都是公平而公正的，婴孩、少年、青年、壮年，直至老年，在正常的岁月的轮回下。人们又是如何对待这份礼物的呢？有的人对这份礼物嗤之以鼻，浪费了毫不在意，一再推迟自己获得成功的时间，成功就永远只是梦想。有的人则把时间放在了奋斗上面，相信只要能够抓住有限的时间去实现自己的梦想，那么成功就在附近。

有这样一个寓言故事：在春天的一个早晨，太阳刚刚升起来，一只喜鹊就来到了猫头鹰的家门口，它欢快地叫着："嗨，猫头鹰先生，快点起床吧。趁着早晨阳光明媚，我们一起来练习捕食本领，不要再睡懒觉了。"可是，猫头鹰懒懒地蜷曲在窝里，慢吞吞地说："谁呀？一大早就到我家门口来瞎叫唤，我还没有睡醒呢。再说了，本领啥时候练都行，我还得再睡一会。"喜鹊听了，只好自己锻炼去了。

到了中午，喜鹊又来了，一看猫头鹰还在床上躺着。喜鹊刚要说话，谁知猫头鹰翻了个身，竟然打起了呼噜。太阳落山之前，喜鹊又飞到猫头鹰家，看见猫头鹰刚刚起床洗脸，就对它说："天要黑了，大家要休息了，你怎么洗脸啊？"猫头鹰说："我的习惯就是这样的，晚上饿了才开始捕食。"喜鹊说："这么晚了你捕什么食。"天完全黑下来了，猫头鹰拍打着翅膀从一棵树飞到另一棵树，累得筋疲力尽，什么食物也没捕到。

看过这则小小的寓言故事，大家有什么感想呢？浪费了整日大好光阴的猫头鹰，在夜晚里一无所获。虽然它也利用了时间，但是错过了捕食的最佳时间。古人云："一寸光阴一寸金，寸金难买寸光阴。"早在美国还没有独立的时候，美国启蒙运动的开创者——科学家、实业家和独立运动的领导人之一富兰克林就曾在他编撰的《致富之路》一书中收录了两句当时在美国流传相当广泛，又足够掷地有声的格言，那就是："时间就是生命"和"时间就是金钱"。昨天和今天没什么大区别，今天和明天也没有不一样。如果在时间的替换里人们蹉跎了岁月，不做些事情来证明自己，来改变自己现在的状况。那

么随着时间的推移，除了年纪大了，力气小了，跑不动了，自己还有哪些收获呢？

早在20世纪90年代初，中国某知名杂志社应邀到日本出席一个会议。出国前，团长特意准备了一叠厚厚的发言稿，准备在会议上激扬文字。可是当他们到达日本后，日方官员递上的会序表却写着中方代表发言的时间只有一分钟。在中国人的眼中，一分钟可以做什么吗？喝一杯茶水、抽一支烟？

一分钟的发言似乎不可思议，可是在日本却是极为平常。日本整个国家，从工人到学者的时间观念都非常强。一个企业考核岗位工人称不称职的基本标准就是在保证质量的前提下单位时间的劳动量，他们通常会把时间精确到秒。

和这些惜时如命的人相比，不知道人们是否还有抱怨的借口。不知道有些既不懂得珍惜时间，又不满足于现状的人是不是应该深思一下。

成功永远属于珍惜时间的人。爱迪生曾给成功下过定义，所谓成功就是99%的汗水加1%的灵感，这里汗水中浸泡的是时间。鲁迅先生也说过，哪里有什么天才，我是拿别人喝咖啡的时间用来写作。可见成功者之所以成功，最重要的一点是懂得合理运用自己的时间。

在大洋两岸的美国和日本，各有一个年轻人。那个美国男孩整天躲在租住的地下室里，把无数条股票K线一根根画到纸上，然后贴到墙上，眼睛眨也不眨地盯着它们。他一边仔细看，一边认真地思索。后来，他甚至跑到美国证券市场，把证券市场有史以来的所有记录都带回了家，然后在自己那间狭小的屋子里，不分昼夜地研究这些数据，努力从中寻找出一些规律性的东西。由于没有出去挣钱，他的生活过得非常拮据，很多时候甚至要靠朋友的接济才能勉强度日，可是，这个男孩过得异常充实。6年里，美国男孩集中研究了美国证券市场的走势与古老数学、几何学、星象学的关系，就在这个时候，他发现了有关证券市场发展趋势的重要预测方法，从而靠着自己发现的"控制时间因素"理论挣得了数不清的财富。他就是"江恩理论"的创始人威廉·江恩。

而大洋彼岸的那个日本男孩每月都把自己收入的三分之一存入银行，虽然很多时候他的日子也会很拮据，但他依然咬牙坚持，照存不误。有时实在坚持不下去了，他宁可借钱也不去动银行里的存款。也是6年，这个日本男孩靠顽强的毅力积攒下了5万美元，他靠着自己在艰苦岁月里仍坚持积累财富的经历打动了一位著名的银行家，从而获得了100万美元的贷款，创立了自己的公司。他就是麦当劳在日本第一家分公司的老板藤田田。

时间没有磨掉他们的棱角，没有让他们失去热情和追求，更没有让他们失望。成功没有定式，也无所谓什么方法和途径，这个世界上不存在无缘无故的成功，成功向来都只宠爱那些为之付出过艰辛努力的人。时间会带来苦难，但苦难绝不是永恒的，一切都会过去。

一位国王整天不是担心王位不保，就是担心身体有疾病，担心气候无常，百姓受灾，每日都活得忧心忡忡，他一直在寻求让自己摆脱这些烦恼的秘方。

一天晚上，国王做了一个梦。在梦中，一位先人告诉了他一句话。这让他在高兴的时候不会忘乎所以，忧伤的时候能够自拔，做

到始终保持勤勉,励精图治。但是,国王醒来以后,却怎么也想不起来那句话是什么。他为此又开始烦恼起来,并吩咐大臣们一定要帮他想起那句话来。为了记住那句话,国王还用黄金做了一块令牌,说:"如果谁能想出那句话来,我就把它刻在这块黄金令牌上,每天都带着它、看着它。"

大臣们听说后,绞尽脑汁地帮着想。他们想出了一句又一句,可是都不合国王的意。后来,一个聪明的臣子对国王说了一句话,国王点头称赞,并把这句话刻在了金牌上:"时间是最公正的礼物,一切都会过去。"

国王把这句话当做自己的座右铭,并对大臣们说:"当你们失败、痛苦、难过的时候,不妨告诉自己:这一切都会过去,要珍惜时间,这样便会重拾信心了。当你们成功、扬扬得意、不知所以的时候,也告诉自己:这一切都会过去,不如好好珍惜时间吧。这样,你们就会更加清醒、理智地面对一切了。"

时间在流逝,不可逆转,不可改变,纠结着过去的种种,又是何必?不如让一切都成为过去,趁着有限的时间,重新开启新的一页。

8.曲径通幽的妙处

人们常常喜欢走通天大路,认为它能顺利地带领人们直接到达终点,达成目的,但是现实生活中,往往有许多障碍被放在了大路上,而通幽的小路,却带给人们意想不到的妙处,小路虽然曲折,却可能是条捷径。

杨振宁是闻名世界的华裔科学家、诺贝尔奖获得者，他取得了令人瞩目的成绩。可是有谁知道，在他前行的道路上，也会有"此路不通"的时候。不过，杨振宁经过一番反思，终于找到了适合自己的路，这为他的成功奠定了坚实的基础。

1938年至1944年间，杨振宁在中国西南联合大学物理系读书，先后获学士、硕士学位，毕业后于1945年赴美留学。当时，"物理学的本质是一门实验科学，没有科学实验，就没有科学理论。"这一观点深深地影响了杨振宁，于是他下定决心：不写出一篇像样的实验物理论文绝不罢休。可是，这让杨振宁要走的路途变得异常坎坷。

在费米教授的安排下，杨振宁跟随有"美国氢弹之父"之称的泰勒博士进行实验研究，并成为艾里逊教授的6名研究生之一。这是一项非常高的荣誉，杨振宁非常珍惜这来之不易的机会。但是，接下来的学习出乎了每一个人的预料。

在近20个月的实验室工作中，杨振宁因为动手能力很差，经常成为他所在的实验室里被嘲笑的对象，同一个实验室的同学总会对别人说："凡是有爆炸（出事故）的地方，就一定有杨振宁！"为此，杨振宁开始反思自己：自己的动手能力如此差，要想在实验物理这一领域取得成就，似乎很难。他想到自己应该有所变通，在更适合自己的专业领域深入研究才更有可能取得伟大成就。

在泰勒博士的帮助和关怀下，杨振宁经过反复的思考，放弃了写实验物理论文的打算，毅然把主攻方向转变到理论物理研究上。由此，杨振宁踏上了物理界一代杰出理论大师之路。假如杨振宁一条道走到黑，不知变通，恐怕他至今还是一个默默无闻或者错误百出的实验者。

一条道路不通,还有另一条,大路不通,再试试小路。成功往往就隐藏在善于变通的地方,假如你在当下的这条路上遇到阻碍,难以前进,而你同时能发现并敢于做出一个大胆而明智的决定,那么,成功的机会就会向你走来。

胡雪岩曾是浙江杭州的小商人,他会经营,也会做人,懂得惠出实及的道理,常给周围的人一些小恩惠。但小本生意不能令他感到满意,想干一番大事业。经过细细思量,他觉得走经商道路不太可能出人头地。他一想到:"大商人吕不韦另辟蹊径,把经商改为从政,名利双收。自己何不效仿先人?"所以,胡雪岩想踩着吕不韦的脚步走从政的道路。

胡雪岩有一个朋友叫王有龄,正好是杭州的一个小官。但他并不满足,想做更大的官,又苦于没有资金做后盾。胡与他也稍有往来。随着交往加深,两人发现他们有共同的目的。王有龄对胡雪岩说:"雪岩兄,我并非无门路,只是手头无钱,十谒朱门九不开。"胡雪岩说:"我愿倾家荡产,助你一臂之力。"王有龄说:"有朝一日我富贵了,绝不会忘记胡兄。"

于是,胡雪岩变卖了家产,筹集了几千两银子,送给了王有龄。王有龄去京师求官后,胡雪岩仍旧靠从商营生,别人对他的讥笑并不放在心上。

没过几年,王有龄穿着巡抚的官服登门拜访胡雪岩,并问胡雪岩有什么要求,胡雪岩说:"祝贺你福星高照,我并无困难。"

见过胡雪岩后,王有龄并没有放下此事。他是一个有情有义的人,利用职务之便,他令军需官到胡雪岩的店中购物。慢慢地,胡雪岩的生意越来越好,也越做越大。他与王有龄的友谊也是越来越深厚。

聪明智慧的胡雪岩利用与王有龄的交情,使自己的生意吉星高照，后来被左宗棠举荐为二品官，成为大清朝唯一的红顶商人。

胡雪岩能名留后世，因为他没有走死胡同，没有走满是荆棘的大路。一个商人想在纷乱的清末站住脚，谈何容易？聪明的胡雪岩选择了能够表现自己的路途，虽然是微不足道的，却是成功的必经之路。在我国历史上，曾有许多仁人志士，他们在爱国救国的过程中几经波折，终于找到了合适的路途。

> 孙中山在推翻北洋政府的前期天真地认为：只要自己用金钱援助地方军阀，再凭借军阀的力量就可以把北洋政府推翻。所以他将自己在美国的家产卖掉，并且通过向华侨宣传，募捐经费，将自己得到的所有的钱全数交给他认为有可能与北洋政府敌对的人。他资助军阀陆荣廷和陈炯明，后来陈炯明与陆荣廷因为权力争斗打起来，孙中山的这个计划成了泡影。
>
> 在这种情况下，孙中山重新做了谨慎思考，经过深入反思他才明白，要推翻北洋军阀，必须有自己的军队，不掌握军队的主动权很难实现理想。
>
> 于是孙中山先生又一次奔走，在广州建立起黄埔军校，培养了自己的人马，组建了北伐军，从而奠定了国民党与北洋军阀抗衡的力量。

历史证明，孙中山变通后的决策和做法是正确的，也是成功的。试想，如果孙中山在第一次的努力落空后，一味悲观绝望，认为局势不可能有转机，推翻北洋政府的抱负根本不可能实现，不积极去另寻他途的话，那么中国的历史一定会被改写。

在所有成功人的意识里，没有办不到的事情。因为他们不会一味守旧，

他们没有固执心理，有思想、有激情。当困难临近，他们会自然地"跳出三界外"，积极思考，不受世俗常规思想的禁锢，从而能发现最适合自己发展的道路。正因为这样，他们才显得与众不同，才会有所建树。

　　学会变通，在不可能中寻找可能，在方法之外寻找方法，在失败之中寻找成功。只有这样，理想才不致化作幻想，并且会在千回百转之后成为现实，取得成功。

　　成功的道路不止一条，不要循规蹈矩，更不能放弃成功的信心。此路不通，另辟蹊径。顺势而为、灵活机变的人不仅能够找到成功的突破口，而且还因为拥有不断变通的思想而不断探寻新的思路，将自己提升到另一个高度，获得一个又一个可能的成功。

第六章　习惯决定出路

1.心胸无比宽，爱人如爱己

人们现在越来越浮躁，仿佛越来越喜爱计较了，为了充分维护自己的利益而丝毫不让，芝麻一样大的小事却能变成头条新闻。头破血流还是小事，但是自己的利益可是天大的事。

可是，斤斤计较的人又怎会有成就大事的气度呢？没有宽阔的心胸，到头来，封锁的不是别人，正是自己啊。

1968年，第一个踏上月球的航天员阿姆斯特朗，因"这是我个人的一小步，却是全人类的一大步"这句话，而名留青史，成为全世界人民心目中的大英雄。

然而，当时登陆月球的，除了阿姆斯特朗之外，还有他的队友奥德伦。两人只有一步之差，结果却隔了千里之远，阿姆斯特朗以踏上外星球的第一人闻名于世，奥德伦却默默无名，知道他的人可说是寥寥无几。

在庆功宴上，当人们为这一创举感到骄傲不已时，一名记者突然问奥德伦："阿姆斯特朗先下了太空舱，成为登陆月球的第一人，你会不会觉得有些遗憾？"

众人纷纷把目光投向奥德伦，看他怎么回答。

奥德伦神情自若,微微一笑:"各位,千万别忘了,回到地面时,我可是最先走出太空舱的。所以,我是别的星球来到地球的第一人。"

话音刚落,人群中响起了一阵笑声,化解了尴尬的场面,并且热烈的掌声持续了很久。

奥德伦不仅思维敏捷,幽默风趣。而且,让人佩服的是他的胸怀。换做是其他人,恐怕早已经被名誉冲昏了头脑,而奥德伦用他广阔的心胸,完美地赢得了人们的称颂。不管自己是不是优秀的、完美的,不管别人对自己如何评论,保持坦荡、不计较,即是君子之风。

吕蒙正是北宋时期的名臣,担任宰相不久,便传来了许多不满的声音。一天上朝,一名官员指着他说:"就他这个无名小子也配当宰相吗?"吕蒙正假装没有听见,走了过去。其他官员们听了,都为吕蒙正愤愤不平,要求查问那个人,吕蒙正急忙阻止了他们。

退朝以后,官员们的心情还是难以平静。吕蒙正却对他们说:"一旦知道了他的姓名,那么我一辈子都会忘不掉,所以还不如不知道,这样对我也不会有什么损失。"在场的人听了,都对他的气度佩服不已。

所以,纵观那些在历史上取得成就的人,不难发现,凡是成大事者一般都心胸宽广,不喜欢斤斤计较。凡事锱铢必较只会使自己失道寡助。物理学上有这样一组概念:作用力与反作用力。原理很简单:当一个物体对另一个物体施力的时候,另一个物体也会对施力的物体回以相等的反作用力。这个原理在为人处事中也同样适用。当你宽容待人,多会有所回报。假使遇到冥顽不灵、顽固不化的人,也不必灰心失望,人们常说"你想得到什么,就一定要先付出什么"。如果你想得到别人的尊重,那么首先你就要先宽容待人,尊重别人,爱人如同爱己。

孔子和老子是我国古代的两位大思想家,分别代表了儒家和道家的最高成就。他们并没有水火不容,孔子反而很仰慕老子。正是这样的胸怀,让他们相见的那一刻成为了历史性的回忆。

公元前521年,孔子的学生宫敬叔奉命前往周朝京城洛邑去朝拜周天子。那时周朝的守藏史是老子。孔子是个谦虚好学的人,早就听说老子的博学,想向他请教关于礼制方面的问题。于是,孔子向鲁昭公请求,希望自己能同学生一起去,鲁昭公批准了。

到达京城的第二天,孔子就徒步前往守藏史府去拜望老子。老子听说孔子前来求教,忙整理衣冠出迎。孔子见大门里走出来一位年逾古稀、精神矍铄的老人,料定是老子,便急趋向前,恭恭敬敬地向老子行了个礼。进入大厅后,孔子再次向老子行师徒之礼,然后才坐下。孔子说:"我学识浅薄,不懂古代礼制,特来向老师请教。"孔子的恭敬让老子对他更是刮目相看。于是,老子把自己所知道的礼制,一五一十地全部都告诉了孔子。

从这个古代小故事中可以看出,尊重与礼貌是相互的。如果孔子不是一个懂礼节的人,老子就不会向他讲解礼制方面的知识。老子和孔子,正是因为有这样宽阔的气度,才能成为我国历史上的贤者。

宽容像只气垫,里面可能什么也没有,但是却能奇妙地减少颠簸。的确,很多时候宽容能够起到很大的作用。对于中国人来说,对人恭敬有礼一直是传统美德,而对外国人来说,谦虚有礼也是宽容大度的一种表现。

2009年11月14日，美国总统奥巴马前往日本拜见了明仁天皇夫妇。第二天，一张照片出现在了各大媒体上。在这张照片上，不难发现，身材高大的奥巴马在个子低矮的明仁天皇面前几乎显得身材相当。因为奥巴马几近九十度地弯腰，使自己的背部高度比明仁天皇矮下去很多。再看他的眼神，他并没有与天皇对视，而是眼光直视地面。通过他的表情和姿态，稍微有一些社交礼仪常识的人都能看出：他是非常谦卑和恭敬的。

毫无疑问，奥巴马的这次访问十分成功，因为他表现出的礼节让他在日本受到了热烈欢迎。

人都是渴望被重视、被赞同、被认可、被尊重的，这是人的本性。从国家元首到普通人，要获得这些，就必须对别人付出尊重、认可、赞同和重视。宽容待人，爱人爱己看似是一种大爱，实际上不光带给了别人光明，也带给自己光明。

因为战争，一个男孩被应征入伍，派到异国的战场上，他是家里唯一的孩子。一年后，他的父母收到了远在异国他乡的儿子的来信。信中说到，战争结束了，他一切都好，很快就要回国了。可是，他的战友因为战争失去了一条手臂和一条腿，儿子想知道父母能不能收留这个可怜的战友。父母当然不能留下这样一个残疾的人在家里，这样会大大地增加家中的负担。于是，父母给他回信，只让他一个人回家。

不久，父母收到通知，不是去接他们的儿子，而是去认领儿子的遗体。当他们看到死去的儿子时，顿时后悔不迭：儿子只有一条胳膊、一条腿。

如果父母肯用宽大的心，像接受自己儿子那样接受那个不存在的残疾人，虽然儿子残疾是不能改变的事实，但是一家终能团聚。

心底无私天地宽，宰相肚里能撑船。日常生活中，有些人无意中可能会让你下不了台。遇到这类事情，如果都是"针尖对麦芒"，不但解决不了问题，还会把事态扩大，甚至激化矛盾，对人对己都没有什么好处。"退一步海阔天空，让三分心平气和"，要有"退"和"让"的胸襟，妥善处理好日常生活与工作中的一些问题。这样我们才会处理好人际关系，在生活、学习和工作中才会享受到更多的乐趣，人生道路也才会更加宽广。

2.抓住机会让成功无止境

有很多时候，机会就摆在了人们的面前，而人们却抓不住。懒散、悲观、被动，这些让成功变得难以驾驭，让闪烁着金光的机会悄然溜走，这时便会怨天尤人，然后痛斥命运的不公。越是这样，机会也走得越远。如果懂得用心制造机会，再积极主动一点，机会就会靠近你，引领你走向成功的领域。

别说上帝不曾给过你机会，仔细想想，那些机会是否在灯火阑珊处，不曾远离，也不曾陌生？

> 有这样一个故事：一个人在一天晚上遇到了上帝，上帝告诉他：有好事要在他身上发生了。他马上会有机会得到很大一笔财富，而且还将在社会上获得卓越的地位，娶到一个漂亮的妻子。
>
> 这个人兴奋极了！回家后就一直坐等这些好事的发生。十年过去了，什么事也没发生。二十年过去了，依旧什么也没有发生……
>
> 直到死，这些好事也没有降临到他的头上，他穷苦潦倒地过完了孤独的一生。

这个人死后来到了天堂，怒气冲冲地去质问上帝："你曾经说过我会拥有很多的财富，会在社会上有很高的地位，还会有一位如花似玉的妻子。可事实上，我在世上什么都没有得到，反而是穷困孤独地过了一辈子，你为什么要骗我呢？"

上帝回答他："我并没有骗你。我只说过要使你得到拥有财富、受人尊重和拥有漂亮妻子的机会，可是你让这些机会白白从身边溜走了。"这个人大惑不解，他说："我不明白你的意思。"

上帝说道："你有过想法很好却没有去尝试的经历吗？你有过在大地震中贪生怕死的行为吗？你有过无比喜欢一位姑娘而不敢追求吗？"这个人仔细回想了自己的一生，只能点头承认这些事情确实在自己身上发生过。

上帝接着说："抓住第一个机会你就会变成全国最有钱的人。抓住第二个机会，你将无比荣耀。抓住第三个机会，你就拥有了漂亮的妻子。你的人生中会有许许多多快乐的时光。可是，你从未抓住我给你的这些机会，也从未反省自己的人生，一而再、再而三地错过。"

听了上帝的话，这个人泣不成声。如果自己肯向前迈进一步的话，这一生都会被改写。光是等待、空想是不够的，还要积极应对。

大学时，陈天桥就喜欢上了网络游戏。虽然毕业后被分配到了一家不错的事业单位，但是他对网络游戏的激情却丝毫未减，甚至在工作期间他都常常沉迷于对网络游戏的思考中。

为了更好地研究网络游戏，他毅然辞去了不错的工作，开始与妻子、弟弟、同学等一起凑了50万元创办了盛大网络。刚开始，他们只做卡通形象。后来网站不断发展，到2000年的时候，他们获得中华网的300万美元的风险投资。2001年，恰好有一家韩国公司来上海寻找合作伙伴。这个年轻人费尽全力拿到了这家韩国游戏厂商的代理权，但却不能得到原投资商的认同。最后，因为分歧得不到统一，只好分道扬镳，公司陷入了绝境。

但陈天桥并没有因此而委靡，相反，他积极地为自己的前途寻找突破口。公司虽然没有钱，但他依然坚持运营这个游戏。他就拿着与韩国公司签署的两份合同，主动找到戴尔等服务器厂商，提出了试用服务器两个月的请求。戴尔见他口气这么大，还以为他是大客户，就同意了他的请求。这个年轻人又拿着这两份合同去找中国电信，让其提供测试器的宽带试用。

在2001年9月，公司的大型网络游戏《传奇》终于开始公测了。2001年11月，游戏开始收费，仅仅一个月就奇迹般地收回投资。两年以后，陈天桥已经是富豪，他的个人资产据估计应该有几十亿乃至上百亿。

从陈天桥的成功中可以看到积极主动的成效。在面对机会的时候，他没有袖手旁观；在面对挫折的时候，没有委靡不振；在面对小成功时，他没有骄傲自大，反而是乘胜追击，不断进取。

而普通人呢，在事业上获得了一点小成绩，被领导委任了一个小职务就在思想上沾沾自喜，俨然以一个成功者自居，这样的人很难有大作为。不要像这些人目光短浅，不要在成功面前故步自封，要不断挖掘机会、发现机会，新的契机让成功无止境。

美国有个企业家叫道弥尔，原是匈牙利移民，年轻时来到美国，身上只带有父亲送给他的5美元。而二十多年后，他却成了一个亿万富翁。

其实,在美国找一份工作勉强度日,并不是一件很难的事,何况道弥尔是个年轻力壮的小伙子。但他的想法不是在美国混口饭吃,而是要在这里学习、奋斗、做大事业。

在一年半的时间里,道弥尔竟换了15次工作。一旦碰上了较好的工作机会,他就把原来的工作辞掉,另谋新职业。他这样做,并非是好高骛远,一味地追求高薪水,而是为了更深入地了解美国,尽快地提高自己的能力,增长自己的见识。

一天,道弥尔来到一个制造日用品的工厂,希望工厂老板给他一个工作机会。老板问:"你能做些什么工作?"

道弥尔说:"除了技术性工作之外,我想我什么都能做得来。"

老板说:"那好,你明天就来做搬运工吧。不过,这个活儿是挣不了多少钱的。"

道弥尔并不是很在乎工钱多少,他是希望自己能在这里学到更多有用的东西。他问老板,工厂几点上班。老板说早上7点半,不过可以8点半来,因为来早了没有活儿干。

第二天早上7点钟,道弥尔已经在工厂门口等候了。这使老板感到他是个诚实可信的青年,对他产生了好印象。道弥尔不声不响,主动帮助老板忙里忙外,干得很卖力气,还做了许多分外的工作,一直到晚上9点才离开。

而后,道弥尔一直这样勤奋敬业。他这种刻苦耐劳、持之以恒的精神,赢得了老板的信任。

一天,老板把道弥尔叫到跟前说:"我想请你帮我照管这个工厂,以便我能有更多的时间处理其他事务,你愿意接受工厂主管的工作吗?"

道弥尔当然很高兴,他自信地说:"谢谢你对我的信任,我会把工厂管理得很好的。"

道弥尔做了工厂主管后，每周工资由30美元升到195美元。当时，这些收入算是很高的。

但道弥尔并没有忘记自己最初的目标，他要向企业家的方向奋斗。这个小小的工厂对他来说，固然可以学到一些管理经验，但毕竟有限。在他的进取心的指引下，半年后，他就向老板提交了辞呈。

老板大惑不解，问道弥尔："你把工厂经营得井井有条，我们彼此间又处得很融洽，没有任何不愉快的事情发生，你为什么要提出辞呈呢？你现在的工作可是别人梦寐以求的啊！"

道弥尔说，他只是想去做推销员。

"做推销员？那可是个苦差事！"老板真不明白道弥尔为什么偏要自找苦吃。不过，他还是十分佩服这年轻人敢于吃苦的精神。

其实，道弥尔辞职的真正意图是想能在日后做一个企业家，他想建立自己的企业，不想只做一个打工仔。他知道要办自己的企业，不仅要学会管理企业，还必须熟悉市场，了解顾客的心理需求，而销售部门是企业最重要的一个部门，不懂销售业务根本不能成为现代企业家。

事实也证明，道弥尔决定做推销员是一次非常重要的选择，是他实现自己做一个大企业家的宏愿而走的至关重要的一步棋，是一次理性的抉择。

道弥尔当上推销员之后，视野豁然开阔了许多。他通过同各种顾客打交道，丰富了销售产品的经验，锻炼了交际能力和技巧，学会了如何去洞察和分析顾客的心理，同时也更深切地了解了当地的风俗民情，对市场也有了一定的把握能力。这一切对于一个想要有所成就的年轻人来说，无疑是又积累了一大笔无形的资产。

道弥尔的努力让他取得了丰硕成果,他的推销事业一帆风顺。仅用两年的时间,他便用自己的聪明才智和勤奋务实的精神,编织了一个庞大的销售网,为以后的成功打下了坚实的基础。

在探索人生出路上,不妨学一学道弥尔。不要取得一点小成就便沾沾自喜,停下进取的脚步。要知道,成功是没有终点的,最积极的做法就是在此基础上,再迈上一个新的台阶,创造出更大的成绩。机会很重要,它是成功者成大事的必要条件,可是它并不会平白无故出现在你的眼前。

3.拒绝拖延的习惯

很多时候,成功就在拖延的习惯中被扼杀了。拖延是一种坏习惯,一种会阻止自己取得进展的思维方式。生活中有很多人,如果让他必须做到完美,那么他宁愿拖延也不愿意去努力做事,不愿意冒风险被人评判他的失败;如果他相信成功是危险的,那么他就会通过拖延保护自己;如果他将合作等同于屈服,那么他就会一直把事情拖着,直到觉得他已经准备好了才去做它。

本杰明·狄斯拉理说:"行动也许不一定会带来快乐,但是没有行动就绝没有快乐。"无论是谁,想要取得成功,必须马上采取行动。拖延,只能导致失败。

从前,有一位国王想了解人生的奥秘。于是,大臣立即给他送来了一车书,并对他说:"读了这些书,您就知道人生的奥秘了。"国王摇摇头说:"这么多的书读起来有困难,少一些吧!"隔了一会儿,那个大臣又拿来一些书,说:"读了这些书,也就差不多了。"国王说还是太多,最好再少一些。又隔了些时候,大臣只带来了一本书，可是这时的国王已经因为染了重病，躺在床上。他看了书一眼，勉强说："我连一本书也看不了，还是你把书里面的意思告诉我吧。"大臣点点头，可是他还没来得及开口，国王就死了。

这则小故事说明了什么？无论你是国王还是平民，只要选择了拖延，结果都会是一事无成。其实，这就是一些习惯于拖延者的心态，这样的心态是扼杀成功的刽子手。"铁娘子"撒切尔夫人，就是一个做事雷厉风行的人，这样的行事作风让她成为英国历史上罕见的女首相。

20世纪30年代，英国一个不出名的小镇上，有一个叫玛格丽特的小姑娘，自小就受到严格的家庭教育。父亲对她的教育很严格，经常向她灌输这样的观点：无论做什么事情都要力争一流，永远做在别人前面，而不落后于人。即使是坐公共汽车，也要永远坐在第一排。父亲从来不允许她说"我不能"或"太难了"之类的话。父亲的"残酷"教育培养了玛格丽特积极向上的决心和信心。在以后的学习、生活和工作中，她时时牢记父亲的教导，总是抱着一往无前的精神和必胜的信念，尽自己最大努力克服一切困难，事事必争一流，以自己的行动实践着"永远坐在第一排"。

玛格丽特上大学时，学校要求学生们上5年的拉丁文课程。她凭着自己顽强的毅力和拼搏精神，硬是在一年内全部学完了。玛格丽特不光在学业上出类拔萃，在体育、音乐、演讲及学校的其他活动方面也都一直走在前列，是学生中的佼佼者之一。

40年后，英国乃至整个欧洲政坛上出现了一颗耀眼的明星，她就是1979年成为英国第一位女首相、雄踞政坛长达11年之久的玛格丽特·撒切尔夫人。做事不拖拖拉拉，凡事都走在前面，让她形

成了办事利落、大气的风格。

当断不断,反受其乱。不能当机立断,拖拖拉拉,时间和机会都会白白溜走。华裔计算机名人王安博士是一个响当当的成功人士。他能够成功的原因,就在于他反应迅速、行动敏捷,能够快速抓住市场上一闪而过的机遇。

大学毕业以后,王安自己创办了简陋的实验室,并自创公司。做事从不犹豫的王安经过十年多的努力,已经在全世界60多个国家设立了250余家分公司或工厂,打造了自己的企业帝国。1982年,王安以排名第五的身份,跻身《福布斯》杂志公布的美国富豪排行榜。

正是由于王安的果断不拖延,成功眷顾了他。

著名的美国投资家坦普尔顿说:"我想不出比'今日事今日毕'更好的工作方法。它是一种艰苦的方法,需要用毅力去支持,但也是最好的方法。"

立即行动是一个人的创业干劲、工作热情和对未来的责任意识的表现。人生苦短,来日不多,不要等到年老体衰、白发苍苍之时才后悔,那就太晚了。人生能够有所作为的机会并不多,放弃今天,就几乎等于放弃了理想。美国出版家和作家费西说:"成功的大事很少是长期考虑、仔细安排的结果,而是我们每天日常工作的结晶。"万丈高楼平地起,事不宜迟,还等什么呢?

世界闻名的水晶大教堂,是一座耗费2000万美元的雄伟建筑,它的建造者是罗伯·舒勒,也因为这座建筑而使他成为世界闻名的传奇人物。之所以说他传奇,是因为这座教堂的建造过程十分不可思议。

舒勒博士在28岁时,准备兴建一座教堂,但他当时仅仅有500

美元。带着仅有的500美元,他来到加利福尼亚州一个陌生的教区,准备在这里兴建教堂。他凭着非凡的毅力和卓越的管理才能,在完全没有贷款的情况下,竟真的建造了一座耗资2000万美元的水晶大教堂,从此他成为世界闻名的传奇人物。

从舒勒博士的传奇经历来看,如果空有理想不付诸行动,梦想终归只能是梦想,永远没有实现的可能。犹豫不决的人经常迟迟不肯行动,总是想办法拖延时间,为自己找借口说:"等一等,等我准备好时就一定开始。"但是准备来准备去,却从来没有准备就绪过。成功的人,往往一做决定,就立刻行动。因为机不可失,时不我待,失去机会,将永远无法成功。

7位北京高校毕业的青年奔赴到陕北闯荡。他们都是大学毕业的高才生,其中2人拿过世界大学生发明奖,5人有自己的发明专利。在他们身后,还有企业家的赞助支持,只要有好的赚钱项目,一切都不在话下。

7个人马不停蹄,用了4个月的时间跑遍了陕北,吃喝住行花掉了5万元,考察调研了19个项目,可行性报告写了27份。然而经过左右衡量、仔细分析,他们总是觉得这些项目各有不妥。考虑当地的因素,不是风险太高,就是投资成本回报太慢,其中两个相对满意的项目,在他们的犹豫中,又被当地人先行一步立了项。

因为定不下适合的项目,他们最终放弃陕北,两手空空地各自回到家乡。

北京的几位高才生,虽然头脑里装满智慧,才华横溢,却在无尽的算计与斟酌中丧失了一个又一个机会,挥霍优厚的条件,无功而返,劳民伤财。

很多人对于未来有很好的设想和计划，甚至已经准备了实施的方案，但就是拖延着不肯动手。他们放弃了一次又一次可以开始的机会，总是把事情拖到明天或后天，任凭日子一天天从身边流过，最后只落得一事无成。拖延是世人常犯的毛病，摆脱拖延的习惯，是你走向成功的起点。

4.凡事靠自己，才不会与成功擦肩而过

"在家靠父母，出门靠朋友。"这句话虽然是在告诉人们交往的重要性。不过话说回来，别人能替你开车，但代替不了你去走路；可以替你做事情，但代替不了你去思考。道路还是要靠自己走出来。别人会为你创造机会，但不能再帮助你把握住机会，成功是需要自己去拼、去搏的。

依赖别人就等于把成功的机会拱手相让。依赖是一种习惯，是一种可以让人丧失自主能力的腐蚀剂。依赖思想不仅会使人丧失独立生活的能力和精神，还会使人缺乏生活的责任感，造成人格上的缺陷。

一个人正在屋檐下避雨，一位禅师撑伞从旁边走过。这人喊道："师傅，带我一程怎么样？"

禅师回答道："我在雨中，你在檐下，檐下无雨，所以你不需要我带你一程。"这人听罢，马上走出屋檐，站在雨中说："现在，我已经在雨中了，你该带我了吧？"

禅师说："你和我现在都在雨中。我没有被雨淋，而你被雨淋，是因为我有伞而你没有。所以是伞在带我，而不是我带你。你要是想被带一程，不要找我，请自己找把伞。"

总想着依赖别人，自己不肯努力，到头来必定是什么也得不到。自救往往更快更有效。

一天，一个农民的一头驴掉到了一个枯井里。农民在井口急得团团转，就是没办法把它救上来。想来想去，他决定，既然这头驴子已经老了，那么这口枯井也该填起来了，根本不需要花这么大的精力去救它。于是，农民把所有的邻居都请来帮他填那口井。

驴子很快就意识到发生了什么事情，它居然安静了下来。几锹土下去后，农民往井里看，眼前的情景让他惊呆了。每一锹土下去都落到了驴子的背上，驴子做出了出人意料的处理：迅速地将这些土抖落下来，然后狠狠地用脚踩紧。就这样，没过多久，驴子竟把自己升到了井口。然后，它马上纵身跳了出来，并大步跑开。在场的每一个人都惊诧不已。

是谁救了驴子？是它自己，是它的不依赖精神。这种精神，在绝境下创造了生命的奇迹。

一个把自己的命运寄托在他人身上、时时事事靠别人指点才能过日子的人，不会有所作为。德国诗人歌德曾说过："谁若不能主宰自己，谁就永远是一个奴隶。"

人生遇到的最大的阻力往往不是源于别处，而是来自于自身，能够带给自己最大机遇的同样是自己。其实，人的一生都是在同自己作战。如果输给自己了，就等于承认了自己的软弱，接受了生活的现状。那么，你也将失去一切转变的可能。任何时候，给自己一些信心，相信自己才是最好的。"命运掌握在自己手里"，你的生活别人或许可以帮你打理，但在上帝安排的人行道上，你的位置无人可以替代。这个世界上没有两片完全相同的树叶，也就注

定了这个世界上没有两个完全相同的人生。独一无二的生活方式决定了每个人的生活轨迹都不能被复制。

从前，有一只小蜗牛。一天，它问妈妈："妈妈，为什么我们刚生下来，就要背负这个又硬又重的壳呢？"

妈妈说："因为我们的身体没有骨骼的支撑，只能靠爬行前进，可是我们又爬不快，而这个壳刚好可以保护我们！"

小蜗牛又问："毛毛虫姐姐也没有骨头，也爬不快，为什么她没有壳呢？"

妈妈说："因为毛毛虫姐姐能变成蝴蝶，她飞起来，天空就会保护她啊！"

小蜗牛接着问："蚯蚓弟弟没骨头，也爬不快，也不会变成蝴蝶，他又为什么没有这个又硬又重的壳呢？"

妈妈说："因为蚯蚓弟弟会钻土，如果他钻到土里，大地会保护他啊！"

小蜗牛听了，愣了愣，后来忍不住哭着说道："我们好可怜啊，天空不保护我们，大地也不保护我们。"

蜗牛妈妈安慰它："孩子，不要哭，我们有壳啊！我们不靠天，也不靠地，我们靠自己。"

很多时候很多事情都是如此，也许你很羡慕别人有贵人帮助，自己却没有。但是，你忽略了一个事实：那些所谓的贵人都是他们自己争取来的。就像故事中的毛毛虫，它在变成蝴蝶的时候需要自己努力挣破那些束缚自己的茧才能飞起来。

一个人的未来，只能够由自己来掌握。虽然，人的一生中会遇到很多的人，经历很多的事，受到很多人的影响。但是，一定要注意：在成功的路上，真正能起决定作用的只能是你自己。事实证明：任何一个将希望寄托在别人身上的人得到的都将是失望！

近年来，大学生求职难已经成为了一个社会问题。这里面固然有毕业人数过多的原因，但也不乏一些大学生对未来抱有太高的期望的因素。他们将自己的希望过多地寄托在了老师身上，寄托在了学校组织的招聘会上，寄托在父母的身上，却很少想过提高自身的能力。

现代社会越来越讲究团队精神，提倡"木桶效应"。什么是"木桶效应"呢？原来，木桶的容量只能是由最短的那根木板来决定。为了木桶的容量增大，你必须自己加长自己的高度，那样才能成功。

木桶效应虽然提倡的是团队素质和能力的提高，但是更重要的一点是每个木板为了团队的利益，都需要尽力地将自己加长变高。只有这样，才能增大整个木桶的容量，如果单想靠别的木板加长来提升自己，那是不可能也是不现实的。

由此不难看出，不论是团队的成功还是个人的成功，都需要提升自己的能力，将成功的"责任"挑在自己的肩上，不要依靠别人来帮你担。只有你自己开始行动起来，别人才可能帮助你。这就是所谓的："自助者天助！"

松下幸之助是日本松下电器公司的创始人，曾被人誉为"经营之神"。读高中时，松下幸之助读的是寄宿高中，根据学校安排，自修教室的卫生需要松下和其他几名同学共同负责。但是，其他几位同学经常偷懒，以至于每天教室的清洁都只有松下幸之助一个人做。松下觉得很委屈，就向同乡的一位学长诉说满肚子的怨气。

谁知那位学长听后反应却不大，他等到松下情绪稳定之后，平静地对他说："只要你觉得那是你的责任和义务，并且你自己也努

力地去尽到了这些责任和义务,不就好了吗?你又何必去责备别人呢?"

松下听后觉得学长所言极是,便不再抱怨。不久,那些偷懒没去打扫卫生的同学看他一个人无怨无悔地在忙,便有些不好意思了。于是,他们也逐渐加入到了清扫教室的队伍之中。

当你改变不了别人的时候,请试着改变自己吧。松下幸之助的学长教给他的正是这个道理。

改变现状的钥匙其实是在自己的手上,你需要将成败押在自己的身上。毕竟,这个世界上唯一一个能让你成功游说并听任你安排的人就是你自己。因此,永远不要把自己的成功押在别人身上,要记住:你才是自己生命的主角!

5.把值得你去做的事做到最好

"不论是大小事,如果值得你去做,那么,请尽心尽力做到最好。"这是美国著名电视新闻节目主持人沃尔特·克朗凯特一句经典的话,对人们影响很大。

沃尔特·克朗凯特从14岁的时候,就成为《校园新闻》的小记者。而其所在的休斯敦市日报社的新闻编辑弗雷德·伯尼先生,每周都会到克朗凯特所在的学校讲授新闻课程,并指导《校园新闻》报的编辑工作。

有一次,克朗凯特被安排对学校田径教练卡普·哈丁进行采访。由于当天参加一个同学聚会,克朗凯特没有好好采写,而是敷衍了事地写了篇稿子交上去。

第二天,弗雷德把克朗凯特叫到办公室,批评他说:"克朗凯特,这篇文章实在太糟糕了。你没有问他该问的问题,也没有对他做全面的报道,你甚至没有搞清楚他是干什么的。你怎么能这样做呢?"

接着,他说了一句令克朗凯特终生难忘的话:"克朗凯特,你要记住一点,如果有什么事情值得去做,就值得把它做好。"

后来,克朗凯特进入了新闻行业。有一次他进行了一个重要采访,写出了一篇很不错的报道。但是,他没有匆忙将稿件上交,而是抱着精益求精的态度再次通读,结果发现这篇报道的侧重点出现了偏差。

这是星期五的下午,他已经很累了,周末还有重要的安排。怎么办呢,是修改还是就这样将这篇看起来也不错的稿件交上去呢?犹豫中,突然想到那位前辈对他说过的话。

是啊,假如这件事值得你去做,就一定值得做好。既然这份报道值得去写,那为什么不写好呢?于是,他开始对文章进行大幅度的修改,直到自己满意为止。并且赶在第二天早上将这篇文章交给主编。结果发出了一篇既真实又引起强烈反响的报道。

正是有这样的理念影响着沃尔特·克朗凯特,在此后70多年的新闻职业生涯中,克朗凯特始终不断鞭策自己前进,成为一位著名的记者、一个受人尊敬的人。

那位前辈的话,实际上正是每个人都应对自己严格要求的重要标准。你的态度决定了你的人生。事无大小,只要值得你做,就要尽善尽美,尽全力做到最好。哪怕是一些细小的规章条例,都不能马虎大意。

格力空调总经理董明珠对员工有一条严格的规定："工作期间不能吃东西。"

有一天,董明珠走进办公室,看到员工们正围在一起有说有笑地分吃着什么东西。走近一看,原来是一个员工从家里带的特产。

董明珠严厉地说："谁让你们上班时间吃东西了?"

员工们一脸尴尬不知道说什么好,谁知道董明珠话声刚落,下班铃声响起了。员工们长舒一口气,以为董明珠也就不会再追究了。

没想到,董明珠没有因为下班时间快到了而放宽制度:"上班时间不能吃东西,刚才吃零食的一人罚一百。"

也许有人会想:"都干一天了,最后几分钟放松一下有什么大不了的。这样做是不是太不近人情了?"

这样的理由看似合理,却并不具备说服力。其实也是一种不负责任的借口。把公司条例看成可有可无,对小事不屑一顾,又如何能发展下去?假如每个员工以"小事一桩,不必挂在心上"为借口,单位还有什么效率可言?

试想想,如果医生抢救病人,总找借口说"差不多了",只怕病人能够得到治愈的机会将微乎其微。

警察侦破案件,总找借口说"太难了"、"罪犯打一枪换一个地方",只怕何时解开真相永远是个未知数。

要彻底消灭这些借口的最佳办法就是:"着手做了,就要毫不松懈。即使是小事,也要做最好!"

毫不松懈才能确保"做足"。只有"做足",才能在根本上保证工作的效率与品质。

或许有人会说:"我的工作太琐碎,既体现不出才华,也发挥不了什么能力。"这也是借口。著名教育家陶行知先生说:"本来事业并无大小;大事小做,大事变成小事；小事大做，则小事变成大事。"

如果你总想着"小事无所谓，大事才认真"，那即使处在重要的位置上也不可能把工作做好。如果你能想着"我可以把那些大事小情都做好"，那即使是不起眼的工作也可以展现出能力，并成为发展的跳板。

一个大学刚毕业的女孩，被分配到一家报社。本以为自己可以一进去就当记者，但万万没有想到，领导让她做的工作居然是到通联部抄信封！

"抄信封这种工作，只要是会写字的都能干，我大学苦读四年难道就是为了干这种工作吗？领导也太瞧不起人了！"

换了一般人，没准一生气干脆就辞职不干了。

刚开始的时候，女孩也有点想不通，但她又想：既然领导这么安排，肯定有他的考虑，或许这份工作正好缺人。心中这样想着，她没有抱怨，而是认真地把领导安排的工作做好。三个月后，她一个人就能完成三个人的工作量。

她的表现被领导看在眼里，觉得这个女孩真不错，别人不屑一顾的工作能做得如此出色，如果给她更重要的位置，一定可以做得更好。于是，领导重新安排了她的工作，从此以后，她先后担任了文摘版、理论版和副刊的编辑……

这个把毫不起眼的工作做得与众不同的女孩，就是被广大观众所喜爱的央视著名主持人——王小丫。

从基层做起，也许只从扫地擦桌子开始，或许每个人都曾经有过和王小丫类似的经历：当自己经验不足、能力还没有被认可的时候，分派的是最不起眼的工作，这样的工作与自己的期望有着巨大的落差。

在这样的时候,有的人往往就会消极怠工,苦闷、彷徨,觉得没有出路,甚至一走了之,并给自己找一个冠冕堂皇的借口:"此处不留爷,自有留爷处!"

可问题是,你真的是"爷"吗?还是你认为自己是"爷",而别人却并没有感觉到呢?一屋不扫,何以扫天下?有雄心抱负,却连打扫屋子的能力都没有,难怪别人不服你。就算是再多换几个地方,只怕还是一肚子的怨气:像我这样的千里马,怎么到哪里都找不到伯乐!

这时候,不妨想想王小丫的经历。单位还是那个单位,领导还是那个领导,这些都没有变,但为什么仅仅隔了三个月的时间,机会却不一样了呢?伯乐其实一直都在那里,关键是你有没有让人看到你作为千里马的潜质。

6.用勤奋铺就成功之路

俗话说:"小成功,靠机灵;大成功,靠勤勉。"说到勤奋,有的人会认为是老生常谈,太显而易见的事情。事实正是如此,不管一个人有多聪明,条件有多好,要想取得巨大成就,必然离不开勤奋。只有勤奋才是通往成功的不二法门。伟大的数学家华罗庚曾经说过:"聪明在于勤奋,天才在于积累。"如果只是靠投机取巧,或许能够获得一时的成功,但是却很少有人可以成功一生。

传奇人物王永庆,小学毕业后被迫辍学,独自一人来到台湾南部一家米店当小工。聪明伶俐的王永庆虽然年纪小,却不甘心一辈子当学徒。除了完成送米工作,他还细心观察老板怎样经营米店,悄悄学习做生意的本领,并希望将来自己也能有一家米店。

第二年,王永庆的父亲借了200元台币,帮王永庆在家乡嘉义开了家小米店。刚开始时,米店的经营遇到了不少困难,附近的居民不怎么来他的米店买米。王永庆意识到,如果不在服务上下工夫,自己的米店很快就要关门。于是,他特别在"勤"字上下工夫。他不仅趴在地上把米中的杂物一点点拣干净,还在深夜冒雨把米送到用户家中。慢慢地,王永庆的米店赢得了一部分用户,他们甚至主动替他宣传。就这样,王永庆的米店的生意逐渐好起来。取得成功的王永庆并没有停步,不久又开了一家小碾米厂。由于勤快能干,他的业务范围迅速拓宽。

王永庆成为了创富传奇人物。有一次,王永庆在美国华盛顿企业学院演讲。当谈到他一生的坎坷经历时,他说:"先天环境的好坏,并不足为奇,成功的关键完全在于一己之努力。"

一时勤快不难做到,但要一生任劳任怨却不容易。勤奋使平凡变得伟大,使庸人变成豪杰。成功者的人生,无一不是勤奋创造、顽强进取的过程。无论是做人还是做事,都要脚踏实地。只有好学刻苦,勤思笃行,一步一个脚印走下去,肯下苦功做别人不肯做的事,你才能获得常人所无法取得的成功。

1969年,施罗德担任社民党哥廷根地区青年社会主义者联合会主席。1971年,他得到政界的一致肯定。1980年,当选为议员。1990年,他当选为下萨克森州州长,并于1994年、1998年两次连任。政坛得志,使他更加坚定了做联邦政治家的雄心。1998年10月,他走进了联邦德国总理府。施罗德的成功和他的勤奋不无关联。

1944年4月7日,施罗德出生于北威州的一个贫民家庭。他出生后的第三天,父亲就战死在罗马尼亚。母亲当清洁工,带着他们姐弟二人,一家三口相依为命。

生活的艰难使母亲欠下许多债。一天,债主逼上门来,母子抱

头痛哭。年幼的施罗德拍着母亲的肩膀安慰她说:"别伤心,妈妈,总有一天我会开着奔驰车来接你的。"40年后,终于等到了这一天。施罗德担任了下萨克森州州长,开着奔驰车把母亲接到一家大饭店,为老人家庆祝80岁生日。

1950年,施罗德上学了。因交不起学费,初中毕业后他就到一家零售店当了学徒。贫穷带来的被人轻视,使他立志要改变自己的人生:"我一定要从这里走出去。"

施罗德一直在寻找机会。1962年,他辞去了店员的工作,到一家夜校学习。他一边学习,一边到建筑工地当清洁工。不仅收入有所增加,而且夜校的学习使他增长了知识,为日后的大学梦打下了坚实的基础。

四年夜校结业后,1966年施罗德进入了哥廷根大学夜校学习法律,圆了上大学的梦。毕业之后,他当了律师。32岁时,他当上了汉诺威霍尔律师事务所的合伙人。回顾自己的经历,施罗德说:"每个人都要通过自己的勤奋努力,而不是通过父母的金钱来使自己接受教育,这对个人的成长至关重要。"

通过对法律的研究,施罗德对政治产生了兴趣。他积极参加政党的集会,最终加入了社会民主党。此后,施罗德在政界逐渐崭露头角、步步提升。

正是这种永不停息的自我推动力,激励着施罗德朝着自己的目标前进。像施罗德这样用勤奋勉励自己而走向了成功的人数不胜数。勤奋改变了自己,也改变了别人。

三国时期,孙权能成为一方霸主,不仅源于自己的励精图治和勤勉，更得力于诸多的干将，吕蒙便是其中之一。吕蒙是东吴的名将，他年纪轻轻就参军打仗，勇敢善战，深受吴主孙权的器重。可是以鲁肃为首的一帮谋士却瞧不起吕蒙，私下里常常带有几分轻蔑地称他为"吴下阿蒙"。为什么会这样？因为吕蒙没有读书，被认为只会打打杀杀，谈不上有什么头脑和谋略。

有一次，孙权对吕蒙和另一位将领蒋钦严肃地说："你们两个都肩负着国家重任，应该读点书，这样可以开拓胸襟，增长知识啊！"蒋钦听了没有吱声，吕蒙心直口快，回答道："主公，军中事务那么多，哪有时间读书啊？"孙权笑了："我又不是要求你们精通五经，只不过建议你们看一看古书，了解一些历史，用兵打仗时也可以吸取经验教训嘛。你说事务多，你比我的事务还多吗？我少年时代就读完了《诗经》、《尚书》、《左传》、《国语》，就剩下难懂的《易经》还没有读。自从接替兄长掌管军政以来，我还是坚持挤时间读书，什么《史记》、《汉书》、《东观汉记》，还有各家的兵书都是这些年读的。我深感读书有益处啊！你们思想活跃，头脑灵活，只要肯学，必定会大有收获的。吕蒙，你为什么要借故推脱、自暴自弃呢？你们现在应该奋起直追，尽快读完《孙子兵法》、《六韬》等兵书以及《左传》、《国语》、《史记》、《汉书》等史书。还是孔子说得好，整天不吃饭、不睡觉地空想，不会有什么收获，还不如踏踏实实地学习一会儿。你们可知道刘秀打仗之余，手里总是拿着书在读，连曹操都说他是越老越爱学习呢。你们为什么不能鞭策自己去学习呢"

吕蒙听了孙权的一番话，觉得既诚恳又很有道理。于是回去就开始找书学习，并暗暗下决心：一定要成为一个文武双全的人！为了抽出更多的时间看书，吕蒙谢绝了所有无关紧要的应酬，也不再去郊外游猎玩乐了。

鲁肃刚接替死去的周瑜任东吴都督的时候，经过吕蒙的驻地，还以为吕蒙是个大老粗，不屑去看他。有人劝说道："吕将军现在进步很大，都督不要用老眼光看他，还是上他那儿去一趟吧。"

鲁肃将信将疑，出于礼貌还是来到吕蒙的军营，吕蒙设宴招待。席间，吕蒙首先问道："都督打算如何应对当前紧迫的军事形势啊？"鲁肃心想，跟你有什么好谈的，便敷衍地回答："随机应变吧。""都督怎能如此呢？"吕蒙听了很着急，马上分析当前的军事形势，提出自己的看法和建议。听到吕蒙的一番话，鲁肃由衷地称赞他：士别三日当刮目相看啊。

孙权的勤，起到了表率的作用；吕蒙的勤，让别人对他刮目相看。他们的勤奋才使东吴能在风雨飘摇的三国中拥有立足之地。

勤奋，是一个人走向成功必不可缺的习惯。如果不是勤奋铺就，通向成功的道路怎么会更加平坦呢？勤奋，对每一个想要成功的人来说，都如同一个警钟，时时敲响着、警醒着自己。许多人功成名就之后，就滋生了懒惰，忘记了勤奋。于是，荣誉渐行渐远。

7.别为你的情绪付出代价

当情绪不自觉地出现在人们的脸上时，人们通常并不会发现。其实，没有任何人愿意欣赏一张生气而变得扭曲的脸。对别人发上一通脾气，对你来说，可能会熄灭盛怒的火焰，宣泄了心头的气愤。那么对方又会如何看待你呢，他会因此而分享你的轻松和快乐吗，会因此而对你产生良好的印象吗，会因此而觉得你是个豪爽的人吗？答案不得而知。所以，不要为你的情绪付出高昂的学费。

在戴尔·卡耐基所著的《人性的弱点》当中有这样一个故事：一位候选人经人引荐去拜访一位资深的政界人士。因为他刚刚在政坛崭露头角，并且即将参与竞选，所以他希望能够得到这位政界要人的帮助，希望这位政界要人能传授给他一些在政治方面如何取得成功，以及如何获得更多选票的经验。

这位资深的政界人士并没有立即与候选人进入话题，而是在谈话之前提出了一个要求，他说："如果你打断我说的话，一次就得付5美元。"

候选人回答说："好的，没问题。"

"那从什么时候开始呢？"候选人问道。

"现在，马上就可以开始。"

"很好。首先，你对于你所听到的那些对自己诋毁或者污蔑的语言，一定不要感到愤怒，并且时刻都要注意到这一点。"

"哦，这我能做到，无论别人说什么话我都不会生气，对于他们的话我丝毫不会在意。"

"不错，这是我的经验的第一条。但是现在，坦白说，我不希望像你这样一个没有道德的流氓来当选……"

"先生，您怎么能这样……"

"请付5美元。"

"噢！天！这只是一个教训，对不对？"

"是的，没错，这是一个教训。然而，这事实上也是我个人的看法……"这位资深的前辈轻蔑地说。

"您为什么要这么说……"候选人似乎要发怒了。

"请付5美元。"

"啊!噢!"候选人气急败坏地说道,"这又是一个教训,您这10美元获得的也太容易了。"

"当然,10美元。你觉得是否应当先付清钱,然后再继续进行交谈?原因大家都清楚,你有不讲信用和喜欢赖账的'美称'……"

"你这个可恶的家伙……"这个候选人几乎暴跳如雷。

"请付5美元。"

"啊!又是一个教训。哦,我必须试着控制自己的情绪。"

"很好,我收回之前所说的话。当然,我的本意并不是这样。我觉得你是一个让人尊敬的人,因为考虑到你卑贱的家庭出身,毕竟你还有一个那样声名狼藉的父亲……"

"你才是个声名狼藉的恶棍!"

"请付5美元。"

那位政界前辈说:"现在,已经不是5美元的问题了。你要知道,每发一次火或者每当因自己受到侮辱而生气的时候,你就会因此至少失去一张选票。对你来说,选票可远远比银行的钞票要值钱得多。"

在这堂课上,这个年轻的候选人学会了自我克制,但是他为此付出了高昂的学费。

台湾著名高僧证严法师有一句名言:生气是拿别人的错误来惩罚自己。但在现实生活中,这样惩罚自己的人却屡见不鲜:下级犯了错误,上级很生气,脾气火暴、声色俱厉,伤的其实是自己。上级作风官僚主义,下级很生气,烦闷憋屈、愤愤不平,伤的其实是自己。同事之间磕磕碰碰,惹人生气,怒火中烧、互相攻击,伤的其实还是自己。邻里之间鸡毛蒜皮的小事,争吵不休,伤的其实也是自己。犯错应该受到惩罚,但未必要通过生气来实现。既然错误在他，为何你要生气？别人犯了错，而你去生气，岂不正是拿别人的错误来惩罚自己？

丹麦基督教思想家克伦凯郭尔曾经有三条警世格言：

（1）不要用自己的错误惩罚自己；

（2）不要用自己的错误惩罚别人；

（3）不要用别人的错误惩罚自己。

虽然这三句话简单易懂，其中的哲理却巧妙非常，告诫着后世子孙：既然错误已经产生，再为此而生气、发火都是于事无补的。生气，是一种情绪。爱生气的人，总是耿耿于怀、火气冲天，顿时引起烦躁不安、血压升高、食欲下降、精神压抑，甚至引发心血管疾病等。

有一名生理学家做过一个简单而有趣的实验：他把一支玻璃试管插在盛有零度水的容器里，然后收集人们在不同情绪状态下呼在水里的"气水"。心平气和的人呼出来的气体经冷却后是澄清透明无杂质的，悲伤时水中有白色沉淀，悔恨时试管中有蛋白质沉淀，生气时试管中有紫色沉淀。当把人在生气时呼出的生气水注射到大白鼠身上时，12分钟后大白鼠竟然死了。

实验很简单，结果却令人十分惊讶。人生气时呼出的物质居然可以毒死一只大白鼠，由此可见生气时人体会产生一种毒素。这种毒素可以致老鼠于死地，可想而知对人体健康也会有比较大的影响。

专家认为，一个人的恼怒成因复杂，有社会因素、环境因素、自然因素和个人因素（如个性、家庭、修养）。当个人愿望与外部环境发生冲突时，便容易被激怒，轻则大发脾气，重则骂街摔物，甚至走向极端，不可小视。

一所肺结核专科医院里住着两个病人，甲的肺结核病比较轻微，经过一段时间的治疗已经基本痊愈；乙的结核病很严重，医院已经没有什么办法了，只好让他回家休养。

这两个病人同一天出院，由于医院工作人员的马虎，出院时把两份病情通知抄写颠倒了。病已基本痊愈的甲接到的是病重尚未痊愈，要加强营养，注意休息的通知。一接到通知，甲便紧张起来，忧心忡忡，认为医生从前对他隐瞒了病情，病是无法治好了。结果出院后病情一天天加重，并有恶化的趋势，没过多久又住进医院。而那位病情严重的乙看到出院通知上写着病情基本痊愈，心情顿时轻松。回到依山傍水的农村，经常食用新鲜蔬菜、水果，经常散步，再加上心情舒畅、精神愉快，被认为治不好的严重肺结核竟然痊愈。

其实这并不奇怪，完全是人的不同情绪使然。

看看，情绪给人们的身体带来的麻烦可真是不少。也许你容易过度在意负面的事物，而且不肯轻易罢手。此时不妨想一想，你究竟想要自己怎么样？扪心自问，你真的希望过这样的生活吗？从现在开始，不妨留意一下其他积极的事物，不要总把焦点集中于负面事物。做情绪的主人，不要被情绪所控制，否则要付出高昂的学费，真的是得不偿失。

8.平凡的人可以有不平凡的人生

在现实生活中，许多人不甘于平凡，又苦于自己只是一介凡夫俗子。平凡的长相、平凡的生活、平凡的一切，也许生活注定了自己将平凡一生。于是，很多人做事选择了半途而废，选择了忽略那些平凡的事，更看不起平凡的岗位。其实，平凡的人是可以选择拥有不平凡的人生的，这个权力掌握在自己的手中。

第六章 习惯决定出路

从前,有个名叫风清的人,出生在一个非常富有的家庭。也许,有人会说,像他这样的富家子弟,头顶当然会笼罩着光环,人生当然不会平凡啦。可是,人们不仅记住了风清的富有,记得更多的是他对自己的帮助。

原来,风清一直把助人当做是自己快乐之本。他曾遇到过困难,那时候,他得到了别人的帮助,所以,他也要帮助别人。他并不想独享自己的财富,也不想让子孙后代都被这财富所腐化。如果有人向他请求帮助,他一定会尽力帮忙,慷慨相助。

时间一天天过去,风清想帮助更多的人。他开了一家药材铺,免费向人们赠送药材。风清的善心得到了大家的称赞,没过多久,风清的美名便传遍了远近四方,很多病人都慕名前来。日复一日,年复一年,风清的家产渐渐少了,但是他没有因此而停止赠药救人。一天,风清在采药的路上,碰到了很多生病的外乡人,原来他们是来请他帮助的。

风清毫不犹豫地把这些病人带回了家,由于他的钱不是很多了,于是他就向国王借了五百两黄金。经过风清的精心护理与医治,病人都慢慢康复了。可是,风清却因此欠下了大量的债务,日子一天天窘迫起来。

为了再赚些钱来行善,风清决定随其他商人下海去捞珍珠。天佑风清,他的运气很好,他捞到了一个宝贝。那些商人都很嫉妒,于是就趁风清趴在井边喝水的时候,把他推到了井里,然后分了他的宝贝。当国王问起风清怎么没有回来的时候,商人们都说风清早就离开了他们,他们也不知道他去了哪里,可能已经死了。其实风清并没有死。被困在井里的时候,他发现了一条通道,怀着试试看的心情,他走进了这条通道,没想到居然真的走了出来,最后回到

了国家。

当国王问风清为什么独自一人回来的时候,风清并没有说出商人们谋害他并抢走他的宝贝的事,而是说自己什么宝贝都没有找到,又迷了路,所以回晚了。不过国王没有相信他说的话,国王传令商人们进来,羞愧不已的商人们最终说出了实情。

国王非常生气,下令处死这几个商人。风清百般求情,国王才同意免除他们的死刑。商人们非常感激,纷纷把自己的珍宝拿出来送给风清,可是风清什么都不要。商人们苦苦哀求,风清只好收下。不过风清并没有把这些东西占为己有,还清国王的债后,风清把剩下的财物都送给了老百姓。

人们不能理解风清的做法,钱财散尽,自己一无所有,不是大傻瓜吗?其实,风清之所以不平凡的地方,就是成全了别人。许多富有的人,高调地炫耀着自己的财富,只为令别人嫉妒、羡慕,满足自己的虚荣心。他们以为这样做,自己的人生就有了价值和意义,不再平凡。可是,又有谁会真正记住他们的名字?他们确实不是平凡的,但平庸至极。

平凡并不可怕,平凡的人并不像甘于平庸的人。平庸的人过的是糊涂的人生,没有方向,懒于行动。平凡的人可以有明确的目标,有坚定的信念,在平凡的岗位上刻苦奋斗,期待着自己能够成就卓越的人生。从这个意义上说,平凡对他们来说只是一种暂时的状态。

罗拔·胡雅特由一个学徒工最终成为洲际大饭店总裁。他的成功在于时刻不忘积累平凡,在日常工作和生活中丰富自己的智慧,并最终获得了人们的尊敬和认可,从而拥有后来的成就。

罗拔·胡雅特初到大饭店工作时是当侍应生。由于接触的人多了，对饭店的事情慢慢地有了深入的了解。他知道，自己当时所在的大饭店接待的是各国人士，因此如果他能学会多种语言，就能应付自如。但是那时的罗拔·胡雅特，除了本国语言外，对其他国家的语言一窍不通。于是，他决定在工作之余开始自修英语。

三年之后，一个叫做柯丽珑的大饭店要选派几个人到英国去实习，胡雅特被录取，因为他的英文已有相当好的水平了。想不到三年的苦学，竟成了他进修的本钱。

在英国实习一年回来后，胡雅特做了柯丽珑大饭店的领班。接着，第二个机会来临了。德国广场观光大饭店想跟柯丽珑大饭店交换一个服务人员实习。胡雅特得知后，找到经理，请求经理给他这个工作机会。经理答应了他的要求。

这次的工作机会对罗拔·胡雅特来说，是对未来事业影响最深远的一次转变。因为到了德国之后，他选择了一个对自己完全陌生的工作——招揽观光旅客。这使他对这一行的了解更上一层楼。

胡雅特到德国后不久，遭遇了20世纪30年代的经济不景气，观光客的人数也跟着锐减。观光大饭店的经营非常不容易。

大家都认为，在这段时间里，观光饭店的生意不会有什么大起色。但胡雅特认为，在这段时间如果能多招揽观光客，才是表现自己能力最好的时候。假如大家生意都好，就显不出自己有什么特别的地方了。

于是，胡雅特利用观光大饭店过去的旅客资料，动脑筋设计出一些内容不同的信函，分别寄给那些旅客们。这些措施果然收到了很好的效果，从而使观光大饭店平稳度过了那段艰苦的时期。

胡雅特回到法国之后，由于观光大饭店老板的极力推崇，经理把他调升到罗浮大饭店当业务部副经理。

工作开展一段时间后,由于业务的往来,胡雅特发觉从事这种国际性的经营活动,如果不懂法律,会有很多不方便。所以他在下班之后,又开始补习法律。

而这时,胡雅特已经具备了使用三种语言(英、德、法)的能力,也去过欧洲的几个大国。但在他的心目中,他非常希望能去美国,他想那里一定能给他更多的收获。他考虑再三,决定请假自费到美国看一看。

胡雅特去美国,名义上是考察,实际上他是想能深入了解美国的观光事业。所以他一到美国,就去拜见华尔道夫大饭店的总裁柏墨尔,并把经理的亲笔信交给他,请求他给自己一个见习的机会,同时主动要求从基层做起。

于是,胡雅特开始了他在华尔道夫大饭店擦地板的工作。他心里明白,要想深入了解美国的观光业,首先要与基层人员打成一片,从他们的谈话中了解的情况一定是最丰富的。事实证明,胡雅特的做法是正确的,正是这些经历充实了他的头脑,并给他带来了好运。

有一天,华尔道夫的总裁柏墨尔到餐厅部视察,看到胡雅特正趴在地上擦地板。他跟这位来自法国的青年已见过一面,印象颇为深刻,虽然知道他要从基层做起,但见到他在擦地板,还是大为惊讶。

"你不是法国来的胡雅特吗?"柏墨尔走过去问。

"是的。"胡雅特站起来说。

"你在柯丽珑不是当副经理吗?虽然要从基层做起,但我真的不明白您为什么会在我们这里擦地板?"

"我想亲自体验一下美国观光饭店的地板有什么不同。"

"你以前也擦过地板吗?"

"我擦过英国的、德国的、法国的。所以我想尝试一下擦美国的地板是什么滋味。"

"是不是有什么不同？"

"这很难解释，"胡雅特沉思着说。

柏墨尔注视了他好一会儿，说："好吧，年轻人，下班后请到我办公室来一趟。我想，如果不是亲身体会，很难了解你所想的。你的行为的确给了我很深刻的启示。"

原来，柏墨尔邀请胡雅特到华尔道夫的国外部担任副经理，胡雅特欣然接受了这份工作。后来，胡雅特又升任主管部的经理。自此之后，胡雅特的事业蒸蒸日上，一直做到洲际大饭店总裁的位置，手下有64家观光大饭店，营业范围扩展到世界45个国家。

从胡雅特成功的经历中不难看出，他的成功在于在平凡中做出不平凡，能够保持着积极进取、勤奋学习、增强自身竞争能力的状态，因此，他才能不断超越自己，取得伟大的成就。

不懂得在平凡中积累经验，增加自己的智慧，是对平凡的状态没有清醒的认识，总是认为平凡就是没有希望的，这样想的最终结果就是因为倦怠而失败。如果你也能拥有胡雅特那样的智慧，一生中也许会减少很多懊悔和惋惜。把远大的理想与平淡的生活结合起来，这样才能使自己的人生价值得以实现，拥有不平凡的人生。

第七章 我们怎样才能创造出"可能"

1.人生的绚丽舞台

梦想是一切的开始。最近，很流行一首名叫《老男孩》的歌，其中欷歔过往年华的片段、演绎逝去梦想的音符，吸引了无数人的追捧。

人都是有梦想的，谁儿时不曾做梦。科学家、飞行员，甚至是律师、总统，都曾是人们希冀的职业。但随着年龄的增长，人们慢慢看到了社会带给自己的辛酸，慢慢体会到了身不由己的无奈，那些在今天看来"不值一提"的梦想，也被无数的人遗忘在了旅途中。

可你有没有想过，成功的人还是有的。他们开着名车，出入最豪华的饭店，用常人看来最直接的物质方式刺激着大家。他们是怎么办到的？

很简单，实现了自己理想的人，都拥有比一般人更强的思维能力。他们总是能想出一些看起来稀奇古怪的点子，但却又常常因此一鸣惊人。成功的人与碌碌无为的人最重要的区别或许就在于他们思想上的差异。

加利福尼亚有两个一同开山卖石的青年，一个叫汤姆，另一个叫杰克。汤姆喜欢把石块砸成石子运到路边，卖给建房的人。而杰克则直接把石块运到码头，卖给加州的花鸟商人。他们开采的石头大多奇形怪状，杰克认为与其卖重量还不如卖它的造型，既不用费力把石头砸开，而且还能卖个好价钱，何乐而不为呢？过了两年，杰克用这几年的收入买了一辆汽车，生活过得舒适而自在。

没过多久，政府新出了一项规定：山上只许种树，不许开山卖石。于是，这里便成了远近闻名的果园。人们在果园里种上鸭梨，结出的鸭梨汁浓、肉脆，非常可口。因此，一到秋天，便招来了四面八方的商人。客商们把果园里的鸭梨全部买了下来，然后用车子一并运往纽约和华盛顿，最后再分批次发往欧洲和日本的市场。

鸭梨给这里的人们带来了不菲的收入，人们也在得意地享受这种生活。也是这个时候，曾卖过石头的果农杰克果断地卖掉了果树，他在自己的一亩三分地里种了柳树。杰克觉得，这里的客商不愁买不到好梨，只愁买不到盛梨的好筐。经过事实证明，杰克的眼光没有错，他目前卖筐的收入超过了卖鸭梨收入的3倍。

又过了几年，杰克又到城里买了一栋别墅。随着时代的发展，这里修建了铁路，这条铁路可以北到纽约，南抵佛罗里达。随着小镇的开放，果农也由单一的种植果品开始转为水果加工。当地有一些人开始准备集资办厂，而杰克在他的地头砌了一道3米高、100米长的墙。这道墙面向铁路，背倚翠柳，两旁是一望无际的万亩梨园。坐车经过这里的人，在欣赏梨花的同时，也会看到四个醒目的大字：可口可乐。杰克凭借这道墙上的广告，每年拥有了4万美元的额外收入。又过了两年，杰克用自己的资金在小镇上建起了服装加工厂。有一天，英国壳牌石油公司美洲区代表威尔逊到美国考察，当他坐火车路过这个小镇时，听到了当地居民谈论杰克创业的故事。威尔逊被杰克敏锐的商业头脑所震惊，他决定下车去找杰克。当威尔逊找到杰克时，看见杰克正在自己的店门口与对门的店主吵架。吵架的原因是杰克店里的一套西装标价为800美元，而同样的西装对门却标价750美元。当杰克将西装的标价换为750美元的时候，对门

第七章 我们怎样才能创造出『可能』

的标价就会变为700美元。一个月下来，杰克仅批发出8套西装，而对门却批发出了800套。看到这种情形，威尔逊觉得自己上了当地居民的当。但当他调查清楚事实的真相后，才知道原来对门那个店铺也是杰克的，威尔逊当即决定以百万美元的年薪聘请杰克当自己的助手，杰克也欣然答应。有一天，威尔逊问杰克："如何才能脱贫致富？"杰克感慨万千地说："其实，经济上的贫穷并不可怕，可怕的是思想上的贫穷。必须要有与众不同的思路，才会超越常人，得到可观的收入。"

所以，只有依靠自己的思考力、想象力和创造力，才能创造出财富的奇迹。财富只会光临那些善于思考、想象和创造的人。人们的一切创造性活动都与思维有关。归根结底，是思路的问题。

一个取得成功的人，不仅要拥有独特的思路，在生活中、事业中也应该善于思考，这也是成功者与平凡人的区别。事实上，成功的机会无处不在，只是它更青睐于拥有深邃思想的人。值得注意的是，成功者不会只停留在别人的思路中，他们还会吸取他人的经验，挖掘最深层的东西并将其变为自己所有。

下面是培养思想深度的方法，你可以作一下参考：

首先，你要有远大的目光。因为有远大理想和抱负的人和一般人比起来总能站得更高，看得更远。

其次，你一定要有成熟的世界观和价值观。成熟的价值观可以指导你正确地看待问题。当你用成熟的价值观思考问题时，可以避免少走弯路。只要你坚持你的奋斗目标，成功就会指日可待。

再次，要养成全面思考的习惯。在考虑问题时需要全盘考虑，不能主观地、片面地看待问题和思考问题。只有这样，才能得到最正确的解决方法。

最后，还需要考虑事业的危机意识，接受成熟的新思想，并向有思想的人学习相关知识。无论你做什么事，都要有危机意识。在做每件事之前，都要设想一下后果。在思考问题方面，如果按常规的方式找不到合适的答案。那么，可以尝试换一个角度来解决问题。在思考重要的问题时，可以多征询一下别人的意见，尤其是那些具有一定思想高度的成功人士的建议。

总之，想让自己拥有深度的思想，在平时一定要养成善于思考的习惯，多参考别人的意见。同时在接受他人的思想和建议时要有自己的看法。如果能掌握好思想的钥匙，那你的事业就能有多远走多远。在面对问题时，因为你拥有了成熟的思想，困难在遇到你时也会靠边站，而你也能拥有一个美好的前景。

另外，你的眼光也决定着你的出路。眼光是一个人的独特视角，有眼光的人可以看到别人看不到机会和成功。

有甲、乙两个企业同时考虑在某郊区投资房地产，双方都派了专员去调查那里的情况。甲企业的专员在考察之后，向公司报告说："那里人口稀少，想投资房产业会影响公司的发展前景，如果建好房子，估计也没有人来居住。"而乙企业的考察专员在考察之后，向公司报告说："该地虽然人口稀少，但那里环境良好，可以为浮华的城市找一份安宁，人们一定很喜欢那里。"

经过时间的证明，乙企业料事如神。随着城市包围农村，城里人越来越向往农村生活，郊区的一些农家乐，在旅游发展方面办得轰轰烈烈。乙企业也因为在郊区投资了房地产获得了可观的收益。而甲企业没能在郊区取得利润，最主要的原因在于其工作人员只看到眼前的事物发展，没有看到长远的发展前景。相反，乙企业的成功就在于其拥有目光远大的员工，能够从事物的本质看到长远的发

展。两个企业不同的发展结果，源自对事物的不同认识。

也有人说，在事业的发展中，要脚踏实地做好眼前的事，老是去看长远的发展会有一些不切实际。实际上，脚踏实地和目光长远并不冲突，因为即使是目光长远也是需要建立在脚踏实地的基础上，而脚踏实地的人也只有依靠目光的长远才可能更好地发展事业。

联想香港公司的发展也是风雨之后见彩虹。在1995年，联想香港公司的命运发生了转折，公司的经营出现了巨额亏损。作为上市公司，这对联想集团来讲可以说是一个很大的打击。可是联想集团的领导们没有因此而气馁，因为他们看到了中国的大陆市场，之后便开始朝着这个方向发展，结果不到一年时间，联想集团东山再起。

如果联想的高层没有长远的眼光，没有看到中国大陆这片广阔且具潜力的巨大市场，只将眼光放在香港那个有限的空间、资源、市场并在那里继续打拼，他们不可能这么快地扭转局面。因此，目光能够看到哪里，脚步才能走到哪里。如果没有长远的眼光在前方指引，那么事业的前途不可能发展得很好。

1962年，山姆·沃尔顿先生在阿肯色州成立了沃尔玛公司，他是美国零售业的传奇人物。山姆·沃尔顿出身于贫寒的家庭，从小就靠四处打工筹措学费和生活费。因此，他在童年时期就养成了良好的节俭习惯。

童年的经历让山姆学会了珍惜每一分钱，平时在买衣服或买一些生活用品时，他都尽量去买便宜一些的。他发现当人们拿着钱去购物时，会买一些相对便宜的东西，哪怕多花时间多走路都没有关系。

正是这个良好的习惯使山姆在很早就发现了低价的优势，所以，沃尔玛在最初的创业时期便推出了平价的商品策略。山姆在第一家沃尔玛店开业时，就打出了"天天低价，始终如一"的口号。沃尔玛的平价拥有两层含义：一是为顾客提供"价格最低，品质超群"的商品；二是为顾客提供"超值的服务"。正是因为沃尔玛"天天低价"的服务，使得很多顾客宁愿多费周折，也要不辞辛苦地选择去沃尔玛超市购物。

除此以外，山姆还有一个深刻的认识：越是经济条件差的人，越喜欢买低价物品，他们希望用有限的钱购买到更多的物品。所以，山姆总是选择在经济相对差一点的地区开设超市，并把发展的重点放在城市的外围，然后逐步地向外扩展。山姆的事业发展取得了前所未有的成功。

由此我们可以看出，在沃尔玛的创业史中，如果没有山姆的长远发展眼光，沃尔玛不可能在激烈的市场竞争中击败众多对手，抢占到广阔的市场空间。

成功是我们每个人都梦寐以求的事，但人生的舞台却只为了那些为梦想不懈奋斗、善于思考、能够把握机会而又有眼光的人而建。所以在成功之前，你还有很长的一段路要走。但是别放弃，有梦想陪着你，还怕什么呢？

2.了解自己的价值，并为实现自己的理想而奋斗

每个人都要寻找自己的价值，并清楚自己的价值所在，在实现自己的价值时，要一路向前不畏艰难，才能获得成功。

有这样一只小老鼠，它整天郁郁寡欢，常常因为自己是一只老

鼠而感到自卑。它对自己的身份大为不满，平时也不愿意在阴暗的角落里生活，想起被人追打的日子，它更是无奈。因此，他很羡慕猫的神气与自由自在的生活。

如果自己能变成一只猫，那该多好啊！于是，苦闷的小老鼠找到了上帝，它在上帝面前长跪不起，再三哀求希望得到上帝的帮助，让自己能够变成一只威风凛凛的猫。上帝被纠缠不过，于是，答应了它的请求。一眨眼的工夫，小老鼠变成了一只神气的小花猫。变成猫的小老鼠没过几天快活日子，就发现邻居家的狗总是追着它跑，它一见到那只凶神恶煞的狗，就被狗的样子吓破了胆。原来猫也有天敌呀，于是它又去求上帝把自己变成一只狗。没过多久，他又发现了狗怕狼的秘密。于是，它又跑去请求上帝将自己变成一只狼。

到最后，小老鼠居然变成了森林中最庞大的大象。每次，这只变成大象的小老鼠昂首挺胸在丛林中漫步巡视的时候，总表现出一副威风凛凛的样子，其他的动物们见了它都点头哈腰，恭恭敬敬。小老鼠觉得这才是它想要的生活。可是过了没多久，它发现大象最怕的竟然是老鼠，因为老鼠可以钻进大象的鼻子里去让这个庞然大物束手无策。这时它眼中最伟大的形象又变成了老鼠，于是它又跑去哀求上帝，要求重新变回老鼠，过它之前的生活。

这是一个有趣的故事，让我们看到：无论是动物还是人，都不应该抱怨你的身世，不应该抱怨上帝的不公平，而应该看看你为此做了些什么。人最大的敌人不是别人，而是你自己。如果你总是对自己不满意，那么就要试着肯定自己的长处；如果你总是对自己很满意，那还需要记得自己的不足之处。

了解了自己的价值外，还需要拥有自己的理想。因为理想能给一个人的未来带来希望，也能让一个人的生活更有意义。但是，如果没有坚定的信心，没有坚持不懈地走下去，希望之火有可能会熄灭。

> 第七章 我们怎样才能创造出「可能」

　　一个富人因为心情烦闷而来到乡下散心。在乡村的农家院里，他看见一个穷人正就着一碗咸菜吃饭，他觉得这个穷人很可怜，于是发善心想帮助他致富。经过考虑，富人送给穷人一头牛，并嘱咐他好好开荒播种，到了秋天，穷人的生活可以好过一些。穷人接受了富人的资助，心里也非常高兴，他满怀希望地做了个计划，决定在这个春天开垦出二十亩荒地，种上麦子、蔬菜、水果，到了秋天就可以丰收了。到时候粮食有了，多余的还可以卖点钱。这样就可以天天打酒买肉，日子也算过得不错。

　　经过一段时间的实践，他发现牛要吃草，人要吃饭，而开垦荒地也实在累人，日子比过去还要难受。穷人就萌生了一个新想法：如果把牛卖了买上几只羊，先杀一只吃，剩下的还可以生小羊，长大了拿到市场上卖，不仅可以解决现在的困难，在将来也能赚很多的钱。

　　随后，穷人按照自己的计划行动起来了。可是，当他吃了一只羊后，其他的羊却迟迟没有生下小羊来。日子又一天天的紧了起来，接着，他忍不住又吃了一只羊。吃完后，穷人抹了抹嘴想：唉，这样下去也不是办法，不如把羊卖了买些鸡，鸡生蛋的速度会更快一些，卖鸡蛋可以立刻赚钱，日子也可以得到好转。穷人又开始了新的行动，但养鸡也不是那么容易的事，每天要喂粮食，搞不好还闹鸡瘟，如果喂养不当会造成这些鸡光吃食不下蛋，那该怎么办？罢了，穷人又不耐烦地开始杀鸡吃，杀到只剩一只鸡时，他的理想彻底破灭了。穷人觉得自己的致富之路没有结果，干脆不去想致富的事了，不如把这只鸡杀了，再去买点酒喝。他觉得：三杯酒下肚，万事皆不愁。

　　到了秋天，资助他的富人兴致勃勃地来看穷人，走到院子里却

发现他正就着咸菜喝酒,牛早就没有了,穷人依然过着和以前一样的清苦生活。

在生活中,也能看到一些像这个穷人一样的人。他们有过机遇,也有过行动,但经过时间的考验,他们觉得太辛苦、很难熬,于是放弃了;或者遇到一点挫折和失败,干脆就自甘堕落。所以,最终的成功与他们擦肩而过。

因此,为了过上好的生活,需要努力,需要自强不息。这样才能在广阔的世界里找到一片属于自己的天地。

除此,在事业的发展中需要一份责任、一份境界。这样,你的事业才不会被局限住,前途的发展才会有更宽广的天地。

赵丽蓉是天津宝坻人。她是中国著名评剧、小品演员。也是深受大家喜爱的人民表演艺术家。她的作品给无数人带去了快乐和欢笑,她的艺术成就和工作境界有着紧密的联系。

赵丽蓉老师的小品《打工奇遇》,使很多人印象深刻。尤其是在小品最后,赵老师潇洒提笔写下的四个大字:"货真价实",这几个字可谓是经典中的经典。看着那几个苍劲有力的大字,很多人都猜测赵老师一定从事书法研究很多年。但实际上,她才练了不到两个月。当时,编导随口提了一句,如果赵老师能在最后写上几个毛笔字,那效果就更好了。可赵老师没有上过学,平时字都认不太全,更别说写出优美的毛笔字了。编导的话让赵老师很上心。回家后,她马上让儿子写了"货真价实"四个字,天天照着练习,常常一写就是几个小时,家里的沙发上、地上全是她练习的作品。有时在晚上睡觉时,想到练好毛笔字她的身上有了动力,她爬起来,打开灯,拿出笔和纸,认真开始练习。直到自己认为有进步了,才拖着疲惫的身子上床休息。

　　练毛笔字时，赵老师已年近70岁，大家都心疼地劝她：都这么大年纪了，至于那么卖命吗？但她好像一点也没听进去，继续照练不误。一个多月过去了，报纸用了七八十斤，宣纸用了几麻袋，最后也用这四个大字征服了众多观众。

　　如果是你，你会像她那样努力吗？其实，如果不写那四个大字，也不会影响小品的基本质量。赵老师没上过学，也认不得几个字，在古稀之年为了将自己的工作做得更好，没有找任何借口。她想到的只有一点：只要站在这个舞台上，就要对每一位观众负责，就要把最好的效果拿出来。这种工作境界，让这位古稀老人做出了如此异乎寻常的举动。她的工作境界，不仅赢得了观众的爱戴，而且丰富了她的人生世界，成就了她辉煌的艺术事业。

　　要想有所作为，就要好好对待自己的工作，相信一切皆有可能。对于赵丽蓉老师来说，她工作的地方也只是小小的舞台，但因为心系观众，她的舞台就有了无限延伸的空间。当所有观众都跟着她一起欢笑的时候，她拥有的就不是一个小小的舞台，而是有意义的人生乐趣。

　　通过赵丽蓉老师的故事，让我们明白：在工作面前，不同的人有不同的境界；而不同的境界，会带来不同的工作状态，也会创造不同的人生价值。为了实现人生的价值意义，需要我们了解工作中的几种境界：

　　第一种境界，为了生计，迫不得已工作。拥有这种境界的人，在工作时不会心甘情愿。工作对他们来说，是一种折磨。他们的人生也是在这种"折磨"中度过的。

　　第二种境界，工作是职业。拥有这种境界的人，不一定将工作提升到人生价值的高度，但是还比较敬业，并尽量将事业做得圆满。

　　第三种境界，自己做的工作就是使命。这种境界的人，能认识到工作是

向世界献出爱的机会，也是让人生价值最大化的途径，他们为了工作可以废寝忘食。

在评定第一种工作境界的人，他一定是借口最多，人生最不如意之人。而第二种工作境界的人，虽然大多时候比较努力，但在工作中缺乏主动性，遇到困难时也会找借口。人生价值难以体现得精彩。第三种工作境界的人，他们对工作会没有任何借口，能主动地将工作做到最好，使自己的人生价值最大化而过得颇有意义。

因此，你要了解自身的价值，并将自己的人生价值当成一种使命来完成。这样你就能心甘情愿地做你所做的事情，也能从你所做的事情中感受到人生的乐趣。

3.机会只降临在有准备的人身上

梦想的实现需要机会的青睐，而机会往往只降临在有准备的人身上。没有做任何准备的人，即便机会降临到自己身上，也只能眼睁睁看它溜走。

李彻在一家工厂做一名普通工人，主要负责瓶子的制作。他对工作兢兢业业，在完成工作的同时，还会仔细地观察每个瓶子的形状和质量。一次，他与女友约会时，发现女友穿的裙子非常漂亮。这条裙子腰部较窄，把女友的腰凸显得特别美妙，他看后觉得这种美无与伦比。他觉得，如果能把玻璃瓶设计成女友裙子那种样式，玻璃瓶的市场前景一定很广阔。因为这种瓶子不仅握在手中非常舒服，而且在瓶子里装满了液体后看起来会比实际的分量多。于是他申请了设计专利。在一个偶然的机会，可口可乐公司的负责人发现了他设计出来的瓶子，就以 600 万美元的价格买下了瓶子的专利。因此，李彻一下从一个普通的工人因为瓶子的设计而使自己变成了百万富翁。瓶子的个性设计成就了事业上的成功。如果李彻事先没有设计出瓶子，那他的事业也不可能有这么快的发展。

在生活中，每天都有人与李彻做着同样普通的工作，可是不同的是他们往往只把这种工作当做谋生的手段，并不会投入自己的激情。可是成功是需要准备的，只有在平常的工作中准备好了，才有可能抓住成功的机会，从而改变自己的现状。

为了自己的事业前景能够发展得广阔一点，刘雨开了一家销售公司，公司主要做销售业务。在创业之初，他曾对自己说："只有做好充分的准备，才能克服成功路上所遇到的困难！"虽然没有读过大学，但他对计算机十分感兴趣，于是在一个朋友的介绍下他找到了一份销售计算机的配件工作。刚进这一行，刘雨对计算机的知识一无所知，并且对销售工作也是丈二和尚摸不着头脑，在他的勤学好问下，赢得了公司所有人员的赞赏。每当有顾客前来咨询时，他总是耐心地听取其他同事的解说，并从中学习销售技巧。日积月累，他不仅学会了硬件方面的知识，还学会了一套推销技巧，并开始尝试着给顾客推销产品。可是看着容易做起来难，虽然很多东西他自己心里是清楚的，可是就是讲不清楚。因此，刘雨辞去了这份销售工作，然后去一所大学里学习了计算机信息技术与应用知识。他想通过学习，全面透彻地掌握计算机知识。

大学毕业以后，刘雨决定和几个同学一起创业。当他们决定要开一家有关计算机零件销售的公司时，觉得要对计算机市场做一个

全面的调查，这样有利于了解整个行业。在调查中，他们发现现在的计算机市场已经相当完善，要想在众多企业中脱颖而出，就要提高自己的质量和服务。于是大家决定以后要在这两个方面多下工夫。

准备工作做好之后，接下来就该实施了。开始大干的时候，刘雨他们犯难了。资金不足是他们面临的第一个问题。据了解，一个计算机零件销售公司至少需要准备七万多元的资金。他们刚走出校门，父母的资金后盾也是有限的，怎样才能解决这个问题呢？经过进一步的调查，刘雨有了新的发现：原来有好多计算机公司的货物是由代理厂商出钱提供的，并不是公司自己花钱买进的，公司只需提供房子就可以了。资金的问题找到了突破口，这也使刘雨对这个行业更加有信心。他跟同学商量先在电脑市场找一间门面房，然后再慢慢找一些零件的代理商。店面的问题解决了，紧接着就得找货源。对于刚毕业的他们来说，没有什么销售经验，因此很多货主都不愿同他们合作。无奈之下，他们只得一家一家上门问，跟货主慢慢协商，并放弃自己大部分利润。最后，有两家店主看到了他们的创业精神，同意和他们携手合作。

筹备已久的计算机公司终于开张了，经过他们的努力，取得了一定的销售业绩。刘雨的成功说明了一个道理，机会只垂青于有准备的人。如果当初他不放弃工作进入学校学习专业知识，如果他们没有对市场做过详细的调查，即使有人愿意和他们合作，谁又能保证他们能够顺利地开创自己的事业呢？事实上，刘雨的成功完全归功于自己创造的机会。

其实，很多人的机会都是通过自己的努力创造的。生活中的每一个人都会拥有机会，只有提前做准备，才能在机会来临时收获成功。

机会瞬间即逝，机会也是难以把握的。因此，在事业的发展中，只有执著的人才能赢得机会。拥有机会后，需要孜孜不倦的精神去创造事业的奇迹。因为几乎所有的成功人士都有一个共同的特征：他们都是把握好了机会，在执著追求的精神中创立了万丈高楼平地起的事业奇迹。

爱迪生的成功就是一个典范，他是一位举世闻名的美国电学家和发明家。一次，爱迪生因为大无畏的精神救出了一个在火车轨道上即将遇难的男孩。孩子的父亲因为感恩，使爱迪生赢得了电报技术的机会。随后，爱迪生便踏上了科学的征途。为了找到能够在室内照明的材料，爱迪生与助手们将1600种耐热材料分门别类地开始试验，但无一成功。紧接着又制造出很多种棉纱做成的炭丝，连续进行了多次试验，灯泡的寿命一下子延长了13个小时，后来又达到45个小时。这个消息一传开，轰动了整个世界。可是爱迪生并没有因此而满足，他的马拉松试验开始了。凡是植物方面的材料，只要能找到，爱迪生都做过试验，甚至连马鬃、人的头发和胡子都拿来当灯丝试验。最后，爱迪生选择竹这种植物。他把炭化后的竹丝装进了玻璃灯泡，通上电后，这种竹丝灯泡竟连续不断地亮了1200个小时！这种竹丝灯用了好多年。之后，爱迪生的试验依然进行，他换用了6000多种材料，经历了上千次的失败。到1906年，他又改用钨丝，使灯泡的质量又得到提高，这次试验的成果，一直沿用至今。

没有平白无故的成功。一个人的成功，有时候就体现在精神上。能坚持到底的，看到奇迹的发生就成为可能，否则，稳操胜券而来也会失败而归。事实上，世界上最远的距离不是从低谷到巅峰的距离，而是胜利就在前方，你却因此而放弃。事业的成功就在不远处，最重要的是看你有没有坚强的毅

第七章 我们怎样才能创造出『可能』

力走下去。

约翰·库提斯于1969年8月14日在澳大利亚出生，双腿畸形，没有肛门，医生给他割了一道深深的口子，让他能够勉强的排便，而且他的膀胱和肠道也不正常，他的腿被全部截去，只有上半身。医生们曾断言小约翰不可能活过24个小时，但他还是一天天地活了下来，到最后还成了千万人崇拜的偶像。

面对身体的缺陷，约翰变得很坚强。即使没有腿，他也坚持不依靠轮椅而用手走路，用滑板飞跑。最终，他成了澳大利亚残疾人网球赛的冠军和残疾人游泳、跳水、橄榄球、乒乓球教练，可以独自驾车，到过190多个国家演讲，接受过南非总统曼德拉的接见。他成为了世界级的励志大师，用自己的亲身经历去激励和感动别人。他的演讲雄伟壮丽，震撼人心，无论在何处演讲都会掀起泪海与热潮，也为无数的创业人士点燃了激情的火苗。

他用行动和成绩向世界做了别对自己说"不可能"的证明。

有太多的可能发生在这个"不可能"的人身上，约翰用自己的成功历程，创造了一个又一个在常人眼里"不可能"发生的奇迹。他是如何走向成功的？主要力量得力于心中那股"走到永远"的信念。因为约翰·库提斯始终坚信"凡事，没有什么不可能"，始终坚信自己能够创造奇迹，不畏艰难，努力奋斗。最终，以强大的意志力脱颖而出，成了众人的学习的标兵。

你一定要在有限的时间里把握好宝贵的生命，只要拥有坚强的意志力和义无反顾的精神，一切都会变为可能。

4.事业没有规划，如何收获成功

事业的发展需要规划，这样才有明确的道路指引你前行。有了目标和计划，那么一切都不再模糊。你还要了解自己先做什么，后做什么，如何做会更好。这些都能让你缩短成功的距离，加快成功的步伐。

有一家调查的机构，曾在哈佛大学做过一个著名的跟踪调查。他们在毕业生中选取了40个人，其中20个人有自己的人生规划，有明确的事业目标，决心一毕业就为自己的事业而奋斗；而另外20个人则没有对自己的人生做任何规划，决定先找份工作，站稳脚跟再说。

过了20年后，有规划的20名学生中有18位成了百万富翁，而没有规划的20名学生中只有一个取得了成就。

从上面的实验中，让我们看到了人生的规划对事业发展多么重要。一部分人懂得规划自己的人生，给自己一个明确的努力方向，为成就一番事业而奋斗；另一部分人，他们随波逐流，每天过着平淡的日子，究其一生，一无所获。不同领域有不同的成功者，但这些成功者们却有一种共同的特质，那就是他们都善于规划自己的人生，都会为实现自己的目标而精心策划一条成功的路径。在这一方面，出生于美国马萨诸塞州坎布里奇市的唐纳德·托马斯·里甘就做得很不错。

里甘的家境贫穷，在上学期间凭借着自己的聪明才智获得了一笔奖学金，这笔奖学金使他有机会进入贵族学府哈佛大学深造。

1940年,他在哈佛大学毕业,并获得文学学士学位。

在学校,里甘有幸遇到美国前总统肯尼迪,他们既是同学也是好朋友。里甘对家财亿万的肯尼迪家族无比羡慕,为了像他的同学一样富有,里甘产生了边读书、边经商的想法。于是,他通过组织学生旅行团,在大学毕业之前,净赚了五千多美元,也是这次收入让里甘确定了日后要走经商的道路。随后,他想了想,要想在商场上立于不败之地,必须具备相应的法律知识。因此,里甘在哈佛大学毕业之后,又进入到哈佛法学院进修法律知识。

1946年,里甘已为人父,拥有两个孩子。在这个时期,他进入了华尔街的梅里尔·林奇公司工作,这是一家著名的投资公司。他从最底层的会计行政员做起。将职业与爱好结合在一起,勤奋地工作。他的表现让公司的领导看在眼里,因此,里甘的事业发展也是步步高升。

里甘对自己的工作一丝不苟,加上他和这家公司的创办人查尔斯·梅里尔的友情,还有他的妻子白查南以及舅父温特罗普·史密斯的股东关系。经过了短短的八年时间,从一名受雇的股票经纪人,一跃而起,成为了这家公司的投资人。到1968年,年仅40岁的里甘登上了这家公司的总裁宝座,他是这家公司历史上最为年轻的总裁。又过了三年,里甘担任了这家公司的董事长和总经理。自1971年开始,他除了在梅里尔·林奇公司里任职之外,还在美国其他机构及团体中担任要职,其中包括1972年至1975年在纽约股票交易所董事会担任副主席兼任美国投资银行家协会担任会员要职。

到1980年11月,罗纳德·里根在大选中当选美国总统之后,提名里甘担任财政部长。任命里甘为财政部长的决定,不仅受到金融界的普遍欢迎,而且也使他的不少同僚感到意外。因为里甘不是里根的核心集团成员，也不是一名坚定的保守派。但是，熟悉内情的人都知道，里甘早就有了官瘾，虽然身在华尔街，心却在华盛顿，极想在美国的政坛上大显身手。他曾经因为没能在尼克松和福特政府中出任此职，给他的心中留下了无比的遗憾，这一次终于能够弥补之前的遗憾，让他对这次机会格外的珍惜。

事实上，在里根担任美国总统之前，里甘就在为自己日后能步入政坛做过精心的筹划，后来他终于搭上了曾任美国汇券与交易委员会主席、后来担任里根竞选总统运动经理人的威廉·卡塞的关系。又由卡塞穿针引线，击败了争夺财政部长职位的美国万国宝通银行主席华尔特·莱斯顿，这次得手，为他顺利步入政坛打下了坚实的基础。

经过精心的策划，里甘从白手起家发展到富甲一方，进而又摇身一变成为了华尔街大亨、美国财政部部长。他不仅财运亨通，而且在仕途上也非常得意，这与他善于规划自己的人生有着重要的关系。里甘可以说是一位名副其实的策划家。

里甘敢于冒险，也敢于驾驭风险。在经过精心策划和巧妙安排，他顺利地实现了自己的理想，成就了自己的人生。他总是能冷静而理智地注视着发生在自己身边的一切，清醒地分析出风险与机会，巧妙地利用各种争斗的力量，平稳地把握并控制着自己的前程，一旦时机成熟，便果断行动。精心的策划和巧妙的控制，对里甘的人生发展起到了很重要的作用。

里甘觉得，规划自己的人生可以使自己的事业达到"运筹帷幄之中，决胜千里之外"的局面。这是对自己所要达到的目标而设计出的最佳路径。说得通俗一点，规划自己的人生就是将宏伟的目标与现实的条件紧密地结合起来，也是理想通往现实的重要桥梁。

每个人都需要学会规划自己的人生，并通过不断努力来取得成功。在正确的人生规划下，顺着指引的道路努力奋斗，这是取得成功的重要环节。

另外，你还需要改变现有的状况，付诸自己的实际行动，才能达到事业上的成功。

希伯来是一个美国家庭的孩子，他家徒四壁，从来到这个世界的第一天起就注定了遭受贫穷。他与父母居住在低矮、潮湿而又拥挤不堪的房子里，房子周围的街区充斥着饥饿、疾病、暴力、颓败和犯罪。希伯来从6岁开始，便在院子里帮母亲清洗成堆的脏衣服，可以用赚来的钱为全家买上够吃一天的干面包。住在这个地方的家庭祖祖辈辈都是这样生活的，他们觉得贫穷、劳碌和卑微都是上天给他们的命运。他们习惯了这样的生活，并且觉得这种生活很满足，也从未想过要改变。

到了希伯来这一辈，命运似乎有了转折的迹象。希伯来有一位非同寻常的母亲。母亲虽然被艰辛的生活压弯了腰，但却不安于这种苟延残喘的生活，她常常这样教育儿子："孩子，贫穷和卑微不该是我们的本质。你不要相信你父亲说的我们生来就比别人低一等的话，也不要相信身边人面对罪恶时的麻木和笑容，这些都不是生活的常态。他们安于贫穷和被压迫，是因为他们从来都不懂得重视和欣赏自己。那些贫穷的人们都像你父亲一样，从未产生过改变现状的愿望，他们只是一味地听从命运的安排。你不要和他们一样，要试着去改变自己的生活。"

母亲的教育在希伯来的心里深深地扎下了根，他立志要改变命运。经过反复的思考，希伯来决定将经商作为改变自己现状的途径。于是，他主动找到一家啤酒企业，并成为了这家企业的啤酒推销员。

通过这种方法，他从先辈们的既定轨迹中走了出来，这个黑人小伙在这个城市各种市场中推销啤酒长达9年。在这些年中，他全方位地了解啤酒的酿制方法和工艺，长期与不同的人打交道，这一切都为这个敦厚的年轻人集聚到了广阔的人脉。一次偶然的机会，希伯来打听到当地有一家啤酒企业即将以拍卖的方式进行出售，希伯来很想把这家企业买下。他依靠自己广阔的人脉和良好的信誉在很短的时间内，便从朋友和投资商那里筹集到13万美元，但离收购价还差2万美元。临近深夜，资金还是没有筹齐，但当他筹款未果疲劳地往回家的路上走时，突然看见一家承包事务所还亮着灯。他并不认识这家事务所的负责人，也没有什么财产能为自己作抵押，但看着那束昏黄的灯光，希伯来决定进去试试。写字台后面坐着一个满脸倦意的中年人，希伯来并没有进行多余的寒暄，而是开门见山地问道："现有2000美元的现金，你愿意把握这个机会吗？"中年人被突如其来的问话惊得说不出话来，过了好久，才愣愣地点了点头："我愿意。"希伯来接着说："那好，如果你想挣2000美元的话，就先给我2万美元，等我还钱给你时，我会给你2000美元作为利息，相信我！"希伯来的眼神异常坚定。于是，中年人与希伯来签订了合同。过了一会，希伯来揣着中年人给他的2万美元支票，心满意足地离开了事务所。

拿到这笔资金后，希伯来买下了那家濒临倒闭的啤酒企业，用自己的智慧和努力让这家企业在很短时间内重获生机。之后，这家啤酒企业的规模逐渐扩大，成了一家拥有7家连锁店的大型啤酒集团。此时的希伯来，已不再是那个刚从贫民窟里走出来的青涩小伙子了。他拥有大量的财富，为人低调平和。当人们询问起他的成功经验时，希伯来只是用母亲在多年之前教育他的那句话作为回答：

"我们身处困境、受人鄙视,这些都不是上帝的错。主要原因是我们从来都不懂得重视和欣赏自己,这些都导致了我们不幸的命运。"

如果你身处困境,千万不要自暴自弃,更不要质疑自己改变困境的能力。你或许不能决定既定的现实,但可以用主观行动对现实进行修正和改变。因此,你要相信自己、欣赏自己。因为困境就如弹簧,你强它就弱,你弱它就强。想要实现自己的价值,需要打破一切困难,努力前行。这样,你才能收获生活的美酒。

5.将你的工作写满"热爱"

在工作中,需要拥有激情,因为激情能给一个人的工作注入强大的力量。这种力量可以让人拥有战斗力,能够战败阻碍你前进的困难,也能为你的事业画上完美的句号。

大卫·麦凯斯的人生充满了传奇色彩。起初,他做过职业棒球员,在刚进入职业棒球界后没过多长时间就被开除了,因为他的动作无力,缺少球员的热情。球队的经理对他非常不满,骂他:"你这样慢吞吞的,哪像是在球场混了20年?无论你到哪里做任何事,若不提起精神来,你将永远不会有出路。"一语惊醒梦中人,麦凯斯如梦初醒,他告诫自己必须振作起来,要对棒球充满热情。又过了10天,一位朋友把他介绍到了新凡。在新凡的第一天,他表达出了自己的热情。一上场,他的全身好像带电一样,强力地击出高球,使接球人的双手都麻木了。有一次,他以强烈的气势冲入三垒,将那名三垒手吓傻了,三垒手忘了接球。于是,他盗垒成功了。当时的气温很高，他在球场上跑来跑去，很容易中暑。但他没有顾忌这些，在热情能量的带领下，他将自己的球技发挥得淋漓尽致，经常是超常发挥。当然，他的热情也影响了其他队友，整个球队热情高涨。他拼命地跑来跑去，仿佛打球的力量怎么使都使不完。

自此以后，麦凯斯在球场上也有了重大的转变，球迷们对他好评如潮、刮目相看。报纸上这样评价他的表现："那位新加入进来的球员，无异是一个霹雳球手，全队的人在受到他的影响后都会充满了活力。他们赢了，这是本赛季最精彩的一场比赛。"由于对工作和事业的热情，他的薪水也比原来提高到了7倍之多。在后来的两年里，他一直担任三垒手，薪水加到当初的30倍之多。在他自己看来，并没有觉得自己有什么变化，仅有的改变就是浑身充满了热情的力量。

值得惋惜的是，在后来的一次比赛中，麦凯斯的手臂不慎受伤，影响了他继续打球的梦想，他不得不放弃棒球比赛。为了生计，他到人寿保险公司当了保险员。刚进这一行时，因为找不到方法，一年都没有做成一单生意，他因此变成闷闷不乐。直到有一天，一个朋友告诉他说，要想做成保险业务，热情是非常重要的。这句话再次给了他力量。随后，他像当年打棒球一样，又对工作充满热情，很快成了人寿保险界的大红人。他说："我从事推销30年了，见到过许多人由于对工作保持着热情的态度，他们的收获得到了成倍地增长；我也见过另一些人，由于缺乏热情而走投无路。我深信，热情是取得成功的必然要素。"

在漫漫的人生路中，每个人都会遇到挫折和不幸。热情是一个人的财富，也是一个人生存和发展的根本。热情一直深埋在人们的心中，它有一股强大的力量等待着人们开发利用。倘若你在工作时适当地调动自己的热情，那么

工作将不会再单调，生活也会因为拥有热情而变成五彩缤纷。

除此以外，你需要做一个性格热忱的人。因为这类人往往具有坚韧的个性，在追求成功时，总能激发出生命中的无限潜能。运用好这种潜能不仅可以发挥出巨大能量，而且还有助于你成就事业。

杰姆斯是纽约城数一数二的毛纺织品批发商。因为工作繁忙，他雇用了一个名叫乔的小杂役。乔非常热爱自己的工作。每天早晨的6点都会到达富兰克林街的办公室，在7点半办事员们到来之前，他已将每个办公室打扫得干干净净。当乔的周薪升到5美元的时候，他申请做了推销员的工作，希望也能到外面去推销毛纺织品。乔很年轻，身体又弱小，但他凭着自己在以往工作中的出色表现，在努力的争取下，得到了经理的准许，乔很顺利地从事了推销员工作。

很快到了冬天。这一天，天空下起了一场罕见的大雪，袭击了整个纽约。在这场大灾难发生之后的一段日子里，几乎全纽约城的人都"冬眠"了，人们都很少出门或很晚才去上班。所以一般推销员都在将近中午时才赶到富兰克林街的办公室，然后都不约而同地集拢到火炉旁，在那里一直聊天。而在那段日子里，乔仍然坚持不懈，如往常一样忘我地工作着。

有一天下午，同事们差不多都下班了，几乎冻僵了的乔从外面冲进了办公室，随他而来的是一股寒冷刺骨的北风。有个正准备回家的推销员在门口碰见了乔，他带着戏谑的口吻说："哟，这是董事先生来上班了。"乔也不甘示弱地说："我把今天应做的工作全做完了，像这样的大雪天，我想应该更加奋发。因为在这样的天气里，不会有太多的竞争对手。所以，我给顾客看了更多的样本。因此，我得到了43件货的订单。"然而，那位推销员并没有理会乔，头也不回地离开了办公室。

过了一段时间，因为出色的表现，乔被调升为正式的推销员，薪水也加倍了。经过努力，乔成了世界上最大的不动产商。

总之，拥有热忱的性格能有效地将不可能变为可能。当你对某人或某事充满热忱的时候，你的内心就会拥有雄心壮志，再大的困难也拦不住你前进的脚步。而一旦你对某人或某事失去了热忱，即便没有困难的阻碍，你也会找一些理由而拒绝前进。热忱能够造就不平凡，在热忱的强大力量推动下，人们会产生信心，产生勇气，产生坚定的意志力。在面对逆境、失败和挫折时，需要你正视困难，一路向前。所以，拥有热忱的性格能征服自身与环境，能创造出一个又一个令人叹服的业绩，也能让你的事业之路发展得更加顺利。

刘军是某电脑公司的职员，主要负责协助开发新型芯片。他非常热爱自己的工作，并将自己的全部精力奉献给了工作。在他工作了两个月后，公司经理突然生病了，经理的缺席使得公司的整个项目都陷入停滞状态。公司领导经过研究决定，打算将这个项目往后推迟3个月。

得到这个消息后，刘军深感遗憾，因为在飞速发展的计算机市场，如果项目向后推迟3个月，就很可能给这个项目带来灾难性的后果。第二天上午，刘军就同主管部门的副总裁进行了一次谈话。刘军告诉副总裁，他不赞同把项目推后3个月，因为那样很可能会给公司的生产线造成无法挽回的损失。公司已经有最好的产品在市场上了，如果能够及时上市的话，就可以占据相当大的市场份额。副总裁也很赞同刘军的看法。接着，刘军拿出自己在前一天晚上制订好的计划给副总裁看，并表示自己愿意在研发经理康复前主动承担经理的

第七章　我们怎样才能创造出『可能』

一部分职责。这样可以使公司的产品尽快上市,赢得市场,并且可以避免公司不必要的损失。

在和副总裁谈论这个问题时,刘军也知道,自己也有很多东西需要学习,但这并不能难倒他。他请副总裁相信自己,他愿意做任何需要做的事情,只要能够保证产品顺利进入市场。副总裁见刘军对工作如此上心,心里非常高兴,便欣然地答应了刘军的要求。在以后的3个月里,刘军夜以继日的工作,并使产品在第一季度顺利上市,使得公司的产品顺利地成为了市场上的主力军。

一个拥有热忱性格的人,无论从事什么职业,都会满怀激情;无论遇到多少困难,都会用积极的态度去面对。那么,如何让自己的性格保持恒久的热忱呢?

首先,要与充满热忱性格的人结为朋友。平常多接触有激情的人,学习他们保持热忱的方法,慢慢地耳濡目染,最后,自己也会融入其中。

其次,要用人生理想不断地激励自己。永远不要忘记自己当初的梦想,要时刻告诫自己,要用理想不断地提醒自己。

再次,要懂得适当地调节自己的精神状态。良好的精神状态能不断激发自身的智慧和潜能,增加自信心,是成就事业不可缺少的精神财富。

另外,当你遇到沮丧的事情时,依然要有一颗乐观的心,因为这是一个人的风度。

总之,热忱是一种力量,它不仅使你拥有坚韧的个性,而且还能激发你的潜能,成就不平凡的事业。利用好热忱的性格,可以帮你开创好人生的各种可能,也能带你走向成功的事业运程。

6.战胜畏惧，赢得辉煌

生活中通常会遇到很多难以解决的事情，纵使再难，只要你的内心不畏惧，一切困难都能迎刃而解。

人类有很多的壮举。在所有难以完成的任务中，中国的神舟五号飞船飞向太空并顺利返回，也是一项伟大的壮举。这一壮举与中国首位宇航员杨利伟的杰出表现有很大的关系。

从一名普通的飞行员成长到中国首位航天员，杨利伟经历了常人难以经历的困难。

首先是知识关。杨利伟至今仍记得所在飞行部队师长为他送行时说的话，"利伟，到那儿好好干。别的我都不担心，你飞行了10年，操作没问题，你遇到的最大挑战可能是基础理论和专业知识的学习。"

经过多年的飞行经历，杨利伟到了航天员训练中心后才发现，在基础理论上确实需要下很大的工夫。要学的课程涉及三十多个学科、十几个门类，比在飞行学院学习要难上几倍、几十倍。杨利伟说："在学习的过程中，他才发现好多知识是以前从来没有接触过的，掌握这些知识对他来说非常困难。"还有一个来自战友们的压力：好些战友在的理论方面的知识明显地超过了他。

面对这样的情况，他该怎么办？他有一套属于自己的方法：废寝忘食，比别人付出更多的时间去钻研。刚到宇航局的前两年，他晚上12点前没睡过觉。因为自己英语基础比较薄弱，为了攻克英语关，他经常从航天员的公寓往家里打电话，让妻子在电话中当英语陪练。这样一来，在英语考试中，他居然得了100分。而基础理论

学习结束时,杨利伟的成绩全部为优。

其次是体能关。太空旅行对人的体能要求很高,尤其是耐力。杨利伟虽然爆发力不错,短跑还可以,但是耐力较差,长跑不行。杨利伟回忆说:"记得原来在飞行学校的时候,所有的体育项目考试都是优秀,唯独长跑需要'攻关'。而在航天员训练中,耐力训练是最基本的训练。为了把这一关攻下来,他抓住了各种机会练习长跑,最后导致骨膜炎,连上厕所都不敢蹲下来。"虽然这样,杨利伟依然锲而不舍。最后,他的长跑考试顺利通过。

再次是航天环境的适应。这是航天员训练中最为艰苦的,是向人的极限能力进行挑战。超重耐力训练在离心机里进行。当离心机加速旋转时,人受到的负荷从1G逐渐加大到8G。杨利伟的面部肌肉开始变形下垂、肌肉下拉,整个脸只见高高突起的前额。做头盆方向超重时,他的血液被压向下肢,大脑缺血眩晕;做胸背方向超重时,他的前胸后背像压了块几百斤重的巨石,造成心跳加快,呼吸困难。这些都是对人的意志考验。在他的左手旁,有一个红色的按钮,是用来报警的。如果航天员在训练时,感到不行了,就可以摁按钮叫停。但是,在每次离心机训练时,他都以坚强的意志,忍受着平常人难以想象的煎熬,从未使用过红色按钮。

在训练时,杨利伟也并不蛮干。他爱动脑筋,琢磨规律和方法,这样下来,使一些极具挑战的严格训练逐渐变得轻松起来。有一次,在飞船模拟器的训练中,为了取得最理想的学习成绩,杨利伟把能找到的舱内设备图和电门图都找来,贴在宿舍墙上,随时默记。他还用小型摄像机把座舱内部的设备和结构拍了下来,之后输入电脑,刻成了一个光盘,在业余时间认真观看,仔细研究。这一来,只要他闭上眼睛,座舱里所有仪表、电门的位置都清清楚楚地印在脑中;

随便说出舱里的一个设备名称，他马上可以想到它的颜色、位置、作用；操作手册他都能背诵下来，假如遇到特殊的情况，他可以不看手册迅速将问题处理好。

他的这些耐心都是常人难以超越的，杨利伟凭着这种敢于挑战困难、不断钻研的精神，在一批优秀的宇航员中脱颖而出，最后成为了中国第一位宇航员！

杨利伟深有感触地说："只要我们勇于挑战困难，困难就必然为我们所克服！"

那么，怎样才能冲破这种"难"的借口呢？

首先，要保持斗志。有一句话是："不是因为有些事情难以做到，我们才失去了斗志，而是因为我们失去了斗志，那些事情才难以做到。"在工作中，要像杨利伟那样，不怕迎接任何的大挑战，再难的任务也能顺利完成。

其次，要有一颗自信心。要相信自己能突破一切困难，能够完成具有挑战性的任务。只要自己坚定信心，才能一步步走向成功。

因此，要坚信困难不是问题，问题是你需要拥有突破困难的心。只有这样，你才能战胜困难，达到事业的成功。

除此之外，还有一点需要知道，每个人都有存在的价值。只有明白这些，才能将事业更好地发展起来。

在这个大千世界中，总有一部分人卑微地活着，不起眼地存在。这种卑微有时会让世人忽略他们的存在，但并不能抹去他们存在的事实，因为每一个人都有他存在的价值和意义。

在生活中,你或许会经常性地听到一个人对另一个进行训斥的话。如："像你这样窝囊的人，活着有什么意义？"挨骂的人一定没用吗？不一定！从一个人的家庭角度来看，这些人有父母、亲戚、朋友，他们的存在至少能给这些

第七章　我们怎样才能创造出『可能』

人带去亲情。此外，他们作为社会的一员，一定有他们值得别人学习的地方。所以，他们的存在也是合理的。

美国有一位大学教授，他在给学生们讲课时曾幽默地说："同学们，你们需要处理好与成绩优秀者的关系。在将来的某一天，他可能是你的同事。但是，对于成绩不怎么样的同学的关系。你们也不得怠慢。在将来，他可能是那个替你投资的人。"教授的话具有深刻的哲理。你的身边或许有一个很不起眼的人，只要你好好对待，说不定将来他就是那个能够决定你命运的人。没有谁能够预测未来，因此，不要小看身边的任何人。在生活中，你要善待身边的每个人，这就好像是为自己埋下了一颗友善的种子，在关键时刻，这颗种子也许能发挥出巨大的作用，能够很好地帮助你走向事业的成功。

日本佳能公司是全球领先的生产影像与信息产品的综合集团。御手洗是开创公司的成员之一，他的第一份工作是在北海道大学附属医院给妇产科医生做助手。当时的工作让他平凡至极，任凭谁也不会想到他有今日的成功。

在妇产科医院工作期间，假如医生们耻笑他只能做一份助理的工作，到如今，那些人一定会羞愧得无地自容。这个世界上，没有永远绝对的事情。任何一个人，任何一件事情都有其存在的合理性，也有其存在的价值。因此，一定要善待周围的人和事，要尽力帮助每一个人。因为一个人的价值能在这种善意的环境中得到实现，这就帮造物主很好地实现了存在的意愿。

波兰边境有一个乌克兰农民，他的名字叫安托希·苏钦斯基。他非常善良，怜惜生命，甚至连一只苍蝇都不忍心打死，全村人笑他傻，是痴人。

纳粹德国的军队于1941年攻入了扎布罗夫村，之后展开了惊天动地的"清理运动"，将村子里的犹太人一车一车地运到了灭绝人性的集中营。苏钦斯基仅凭自己的两只手，在自己的农舍下面挖了个地洞，把一家犹太人在地洞里掩藏了两年。这家人姓蔡格，是一对夫妇带着两个儿子。当时，苏钦斯基听说纳粹分子将要带着猎犬到农庄进行搜查，于是，这天晚上他没有睡觉，他把厕所里的粪便铺在地上，又撒上胡椒。这样一来，猎犬就闻不出人的气息了。所以，德国人来了之后并没有发现什么。到1944年，蔡格一家人得到自由后，去了美国。此后的很多年里，蔡格家经常寄食物和衣服给苏钦斯基。1987年初，蔡格的儿子雪莱成了一位成功的商人。1988年6月，蔡格一家人44年来第一次回到扎布罗夫村。村民们齐声欢呼，场面热闹非凡。雪莱·蔡格回忆说："从村民们脸上的表情可以看出，苏钦斯基已是公认的英雄人物了。"苏钦斯基也为自己做了应该做的事而高兴。

这就是善有善报的结果，苏钦斯基看似很傻，但他的所作所为却表现出了英雄一般的气概。这个现象可以充分地说明："就算一个有智力问题的人，他们的存在也有其价值，那些智力超群的人更不用说了。"当然，在以后的事业发展中，苏钦斯基的前景也是鸿运当头、事事顺心。

因此，要充分了解自身的价值，并用自身的价值为更多的人服务，这样才能在自己的事业上大显身手。

第八章　破釜沉舟，背水一战

1.不能再退，再退就是地狱的入口

你是否听过这样的话：某某因为公司赔了钱，不得已变卖了最后的一点产业做了一个风险很大的投资，哪知却一举成功，咸鱼翻身了。某某因为被老板炒了鱿鱼，丢了份令人羡慕的好工作，不得已下海做了生意，谁知却就此风生水起，发了大财。某某因为一份创意书通宵达旦，但总是没有灵感，谁知到了早上就要开会的时候，却突然思如泉涌，顺利过了关。

当人们的背后是万丈深渊，无路可走的时候，通常可以爆发出超过平时三倍的实力，这种"实力"包含了力量的提升、思维更加敏捷、行动更加进取、性格往好的方向转变等。

很多人在做事的时候往往习惯给自己留一条退路，以防遭遇困难时会陷入绝境。这种两手准备的做法看似谨慎，其实并不可取。因为人总是喜欢贪图安逸的，当清楚地知道自己还有退路时，勇往直前的劲头就会随之减弱，原本能使出100%的力量现在却只能使出80%了。所以，给自己留退路的人是很难取得实质性进步的。

创业阶段的人最怕说这样一句话：如果不行，还可以再用另一种办法，没关系，不会太糟糕。是的，不会太糟糕的选择通常也不会太好。破釜沉舟的军队，就有可能决战制胜。同样，一个人无论做什么事情，务必要抱着绝无退路的决心，勇往直前，遇到任何困难、障碍都不能退缩。如果立志不坚，时时准备知难而退，就绝不会有成功的希望。

第八章 破釜沉舟，背水一战

古希腊有个著名的演说家，名叫戴摩西尼。他还不出名的时候，为了提高自己的演说能力，常常会躲在一个地下室里练习口才。但独自练习的时间是寂寞的，这让他时不时就想出去溜达溜达，心总也静不下来，练习的效果很差。为了强制自己专心练习，他挥动剪刀把自己的头发剃去一半，变成一个怪模怪样的"阴阳头"。这样一来，因为头发羞于见人，他只得彻底打消了出去玩的念头，一心一意地练口才。这样，一连数月他足不出户，演讲水平突飞猛进。经过一番刻苦的努力，戴摩西尼最终成为了世界闻名的大演说家。

当你挥动剪刀的时候，你就已经决定让自己和世界绝缘，大干一场了。人有时候就需要一点强制，就如同那些古时上山求仙的人一样，用一根绳子攀上绝壁，之后再挥剑将其砍断，没吃没喝，以表达自己修仙的决心。

一个人要想干好一件事，成就一番伟业，就必须心无旁骛、全神贯注地去努力，持之以恒、锲而不舍地追逐既定的目标。但是要做到这一点实在不容易，一些人常常战胜不了身心的倦怠，抵御不住世俗的诱惑，因此半途而废，功亏一篑。这时，就要像戴摩西尼那样用强制的方法严格要求自己，不给自己留退路，惟其如此，才能走向成功。

布鲁斯出生在美国的一个十分贫穷的家庭，尽管如此，他却是一个坚持不懈、勇于奋斗的人。

年轻时布鲁斯一直给别人打工，但他挣的钱连养家糊口都不够。于是，他说服妻子，冒着流落街头的风险卖掉家里的房子，凑足

3000美元，开了一家机电工程行。几年后，虽然他的公司逐渐壮大，但还是家小企业。

布鲁斯希望公司有更好的业绩，他决定让公司上市，利用社会资金。但华尔街一些有实力的股票承销商都对小公司不感兴趣。布鲁斯要想让那些承销商接受自己的公司实在太难了，但他没有被困难打倒，继续为公司能够上市做着自己的努力。

当布鲁斯办妥成立股份公司的一切法律手续后，还是没有一家证券商愿意承销他的股票，他一下子陷入进退两难的境地，但布鲁斯并没有放弃努力。他决心孤注一掷，自己发行股票，跟华尔街的传统观念搏一把。说干就干，他请朋友们帮他到处散发印有招股说明书的传单。

在华尔街的历史上，还没有过撇开承销商而自行发行股票的先例。行家们都断言布鲁斯必然以笑话收场。而就布鲁斯本人来说，他已是骑在虎背上，不得不硬着头皮走下去，因为他根本没有给自己留退路。

布鲁斯和他的朋友们，从一个城市到另一个城市，起劲推销股票。他的离经叛道之举使他在华尔街名声大噪，人们抱着敬佩、赞赏、好奇、尝试的心理，踊跃购买他的股票，短时间内便卖出40万股，筹得100万美元。

获得资金后，布鲁斯如虎添翼。他奇迹般地兼并了多家大公司，创造了一个全美家喻户晓的现代股市神话。

退路是不让自己跌倒谷底的保障，却也是令人难以飞跃的屏障。很多时候，如果我们斩断自己掉头的想法，那么就只有义无反顾，拿出200%的精力去与命运抗争。

第八章 破釜沉舟，背水一战

一位老教授和他的两个得意弟子，欲进入 S 溶洞考察。S 溶洞在当地人们的眼里是一个魔洞，一年四季洞口总是雾气蒙蒙的；曾经也有胆大的乡下人进去过，但都是一去不复返。

在进洞的那一天，数百名群众赶来给他们摆酒饯行，场面颇有些悲壮。他们带上充足的食品和水，当然还有一些必备的探险工具。走进漆黑的溶洞，他们借着手电筒的光线，一边前行，一边采集一些石样作为以后研究的资料。

当随手携带的计时器显示着他们已经在漆黑的溶洞里走过了 14 个小时 32 分钟的时候，三人的眼睛陡然一亮，一个有半个足球场大小的水晶岩洞呈现在他们的面前。他们兴奋地甚至有些疯狂地奔了过去，尽情欣赏、抚摸着那些散发迷人光彩的水晶石。待激动的心情平静下来之后，其中那个负责刻路标的弟子忽然惊叫起来：老师！刚才我忘记刻箭头了！！他们再仔细看时，四周竟有上千个大小各异的洞口。那些洞口就像迷宫一样，洞洞相连；他们转了很久，始终没找到退路。

这时候，他的那两个弟子都跌坐在地上，失望地对老教授说："不行了！这么多的洞口，我们就是再转上半年也转不出去啊！"老教授在洞口前默默地搜寻着，蓦然，他惊喜地喊道：在这儿有一个标志！！他的那两个学生"嚯"地从地上弹了起来。

果然，在一个洞口旁隐隐能看出，有一个用石灰石画的箭头；他俩认为这一定是前人留下的，便决定顺着标志的方向走。老教授一直镇静地走在他俩的前头，每经过一个洞口时，他的两个弟子就会忙着寻找前人留下的路标。然而，每一次都是老教授发现的。

终于，他们的眼睛被强烈的阳光刺疼了，这就意味着他们已经

成功地走出了魔洞。那两个弟子竟然像孩子似的躺在洞口旁的土地上,掩面哭泣起来,而后激动地对老教授说:"如果没有那位前人,我们也许永远走不出魔洞了。"此时,老教授却拭了拭眼角,缓缓地从衣兜里掏出一块被磨去半截的石灰石,递到他俩面前,意味深长地说:"在没有退路可言的时候,我们只有相信自己,拿出自己的执著与勇气,拿出自己绝不气馁的决心。这样,我们就没有时间和机会怨天尤人、自暴自弃,只有义无反顾地走下去。"

没有谁的人生是一帆风顺的,因为上帝会分派很多难关作为你提升的关卡一个人能否取得事业上的辉煌。能够取得多大的成就,完全取决于你能越过多少关卡,战胜多少困难。而一个胸怀大志之人,一个想要驾驭命运的人,就应该立即断绝所有的退路。

"有志者,事竟成,破釜沉舟,百二秦关终属楚;苦心人,天不负,卧薪尝胆,三千越甲可吞吴。"无数的先辈用血和成功告诉我们:一个奋斗者是不需要退路的。因为他没有时间去瞻前顾后,没有机会去左顾右盼,他只有向前再向前,用全部的精力去排除万难,直至功成。

2.收起你怯懦的样子

2008年的金融风暴不知道倾覆了多少人一辈子的心血,无数的工厂倒闭,经济倒退,甚至银行和全球瞩目的影视公司也关门大吉。正因为如此,在那段时间国外的报纸上总是会有某某企业家公司清盘跳楼、某某董事会成员服毒自杀等新闻,有着同样感触的人歔欷不已,但带给大家更多的只是茶余饭后的消遣与嘲笑。没错,面对失败,面对逆境,你胆怯了、卑微了、放弃了,那么你不仅退出了人生的舞台，还会就此成为别人的笑柄。

普拉格曼是美国当代著名的小说家，他学历不高，甚至还没念完高中。在他的长篇小说获奖典礼上，有位记者问道：你毕生成功最关键的转折点在何时何地？

普拉格曼认为第二次世界大战期间在海军服役的那段生活，是他人生受正式教育的开端。他回忆说：

1944年8月的一天午夜。两天前他在战役中受伤，双腿暂时瘫痪了。为了挽救他的生命和双腿，舰长下令由一名海军下士驾一艘小船，趁着夜色把他送上岸去战地医院医治。

不幸，小船在那不勒斯海湾中迷失了方向，那名掌舵的下士惊慌失措，这时船边又游来几只鲨鱼，它们就像荒原上的野狼一样，对着船上的两个人。几个小时过去了，他们无数次挥舞着船桨打退鲨鱼，而鲨鱼却又一次次扑上来，尽管是重复着近乎机械地驱赶动作，普拉格曼却似乎越战越勇。但那名下士就不一样了，他越来越感到体力不支，差点要拔枪自杀。普拉格曼镇定地劝告他说："你别开枪，我有一种神秘的预感，虽然我们在危机四伏的黑暗中飘荡了4个多小时，孤立无援，而且我还在淌血。不过我认为即使失败也不能堕入绝望的深渊。就算是到了绝境，我们也不能放弃。"没等他把话说完，突然前方岸上射向敌机的高射炮的爆炸火光闪亮了起来，原来他们的小船离码头还不到三海里。

脱险之后，普拉格曼在回忆中这样写道：

"自从那夜之后，此番经历一直留在我的心中。这个戏剧性事件竟包容了对生活真谛认识的整个态度。因为我有不可征服的信心，坚韧不拔，绝不失望。即使在最黑暗最危险的时刻，我相信命运还

第八章　破釜沉舟，背水一战

是能把我召向一个陌生而又神秘的目的地……

你会比普拉格曼还深切地感受到绝望与无助吗？如果他选择了放弃，那么最多是成为鲨鱼的一顿晚餐，但在危急关头，他选择了再搏一下，于是成就了今天的小说家。

诚然，每个人都渴望有朝一日能飞黄腾达。但是他们很矛盾，只是把希望寄托于一些不切实际的幻想上，只是一味地做"白日梦"，而不敢去行动，怕碰壁、怕失败，这样怯懦、胆小，又怎能成功？唯有唤醒自己积极主动的能量，勇敢去闯，才有成功的希望。

有人曾做过这样一个小试验：把一只跳蚤放进一个玻璃杯里，跳蚤很容易就跳了出来。再放进去，跳蚤还是轻而易举地跳了出来。小小的一只跳蚤可以跳到身体的400倍左右的高度，堪称动物界的跳高冠军。所以，这点高度对它来说，并非难事。

接下来，实验者对这个实验稍加改造。他再次把这只跳蚤放进了杯子里，不过这次是把跳蚤放进去后，就马上在杯子上盖上一个玻璃盖。当跳蚤试图跳出来时，"嘣"的一声，跳蚤重重地撞在了玻璃盖上。但是，它没有停下来，而是继续尝试跳跃。一次次失败，跳蚤开始变得聪明起来了，它开始调整自己所跳的高度。不久，它就能在盖子下面自由地跳动，而不再撞到玻璃盖。

过了两天后，实验者把玻璃盖轻轻拿掉了，可是跳蚤还是在原来的那个高度继续地跳着。四天后，这只可怜的跳蚤还在这个玻璃杯里不停地跳着，它已经无法跳出这个玻璃杯了。

许多人在听过这个故事之后，会嘲笑跳蚤，觉得它太愚蠢了。可是，仔细想想，从这只跳蚤的身上是不是也能看到自己的影子？

第八章 破釜沉舟，背水一战

很多人年轻时，曾意气风发，勇于进取，要干一番事业，于是憋足了劲，向着心中的理想和成功的方向努力不止。但成功绝非轻而易举的事，自己屡屡碰壁，总是失败。

这样经历几次失败后，他们不是开始抱怨这个世界不公平，就是怀疑自己的能力，害怕面对自己。他们不再努力去追求成功，而是甘愿忍受失败者的生活，做个懦夫。他们宁可别人说自己胆小怯懦，也不再愿意走出去追求成功的人生。人生便如同陷入泥沙，开始渐渐沉沦。

怎样能同这种人生说再见？那就要收起怯懦的样子，唤醒积极的自我，摆脱掉这种怯懦的思维，对自己有一个客观的了解。必须诚实地面对自己，不逃避，问问自己的内心到底要做什么，想成为什么样的人。尽管每个人对事业的追求都不一样，但是这不妨碍你找到最适合自己的方向，坚持不懈地去开创未来。

成功人士大都是无畏的，从他们的身上看不到胆怯和懦弱。或许他们也有脆弱的一面，但是他们绝对不会让别人看到。他们会勇于坚持和引导自己的事业向有利的方向发展，向别人传递自己的信念并以此为行动指南，哪怕别人不同意，他们也绝不会人云亦云，有所退让。也正因此，他们的奋斗更见成效。

> 战国时代，赵武灵王赵雍是一个颇有作为的政治改革家和军事家，他顶着"易古之道,逆人之心"的骂名进行了著名的"胡服骑射"的改革。
>
> 在改革之前的19年间，赵国先后被秦、魏攻伐战败6次，损兵折将，忍辱削地，甚至北方的一些胡人部落也经常对赵国进行掠夺。
>
> 赵雍没有灰心放弃，也没有胆怯，而是积极地想对策。在同胡

人部落的屡次交战中,他深感中原传统战车的笨重难行,同时也看到"胡服骑射"的优越性。于是,他提出打破中原传统的衣冠制度和兵制,效仿北方游牧民族军事上轻骑远射、机动灵活的战略战术并且提倡穿紧身的胡服。

赵雍的这些改革方案遭到一些老臣的强烈反对,这些老臣们认为,扔掉象征着威武的庞大战车,穿上异邦小族的衣服,是在给老祖宗丢脸。反对声一浪高过一浪,赵雍没有妥协。为了使赵国强大,面对祖宗的规矩和世俗的偏见,面对千百年来的传统习惯,赵雍不怕得罪那些德高望重的老臣,毅然坚持改革。

在公元前307年,赵雍下令举国上下都要穿胡服,习骑射,并且自己带头穿起胡人的服装。

后来,赵国军队的战斗力得到了空前的提高,不但打败了过去经常侵扰赵国的中山国,而且还向北方开辟了上千里的疆域,成为战国七雄。

由此可见,如果没有赵雍的直面失败,率先改革,赵国一定不会有后来的强盛。他的自信让自己和国家都产生了强大的力量,将软弱和胆怯丢到了九霄云外。

《羊皮卷》的作者马丁·科尔说:"对于你的梦想能否实现,真正有影响的观点是你自己的观点。其他人的消极想法只是反映了他们自身相对于事情的局限性,而不是你的局限性。"即使所有的人都认为你的做法是一种冒险,但是只要你是经过了严谨的思考、细致的研究,敢于去冒险,才会有新的景象出现。

成功不足惧,失败更不足惧。成功只不过是爬起来比倒下去多一次而已。如果因为担心而迟迟不肯跨出第一步,那样将永远无法成功。

摆脱怯懦，收起你怯懦的样子，唤醒自己心中那颗积极向上的种子，让它带你发挥出自身最大的潜能，直到攀登上成功的高峰。

3.打不赢也绝不做逃兵

李宁品牌的广告上有很多经典的台词，其中最让人难忘的一句台词莫过于"一切皆有可能"。人生有太多的不可能。可是，打不赢也要打，爬起来还要战，面对不可能，不能后退，即使打不赢也绝不做逃兵。

有一位篮球教练，当医生告诉他，他患的是白血病的时候，他的表情是少有的镇定。

但是，接下来他说的话却令人费解："那么，这就是一场打不赢的战争了。"

"白血病虽是重症，却非不治之症。对于你这个年纪的人来说，化疗是一个好方法，况且你是运动员，身体本钱雄厚……"医生像往常一样开导患者。

"明知打不赢，也要打一打。"篮球教练并没有理会医生的话，而是自顾自地说着。

他努力地配合治疗，一切都很顺利。但是，有一次在抽血中，医生再次发现了白血病的芽细胞。他知道以后没有露出失望难过的表情，而是若有所思地抬起头来问医生："你认识周悦然吗？"医生仅仅是知道"周悦然"是一个篮球明星的名字。

"他是我的学生。"这位教练精神抖擞地说，"带他打球是一种享受，他可以完美地执行教练的任何战术。和他相处三天，我就知道，他一定会当选最佳选手。至于他会一直进步到什么程度，我也很想

第八章 破釜沉舟，背水一战

知道。"

医生偷偷看了看表,因为有些老师回忆起学生会说个没完没了,他希望这位教练能够适可而止。

"那一届决赛我们遇上了大安高中,大安是所有人心目中的冠军,队中有好几人是亚青杯优秀选手。包括我在内,所有的人都不认为我们有机会晋级。我让孩子们放手自由发挥,要他们打一场快乐的球,结果在上半场结束的时候,比分是40:37。"

"一个三分球就能改变落后的局势,作为一个教练,哪能没有求胜的野心,何况这次战胜的还是大安。不过,我没有把这个想法告诉球员,还是让他们带着平常心作战。剩下5分钟的时候,居然只落后1分,不用我说,大家都想到赢的可能了。这时我换下周悦然,在场边问他:'你觉得这一场我们能不能赢?'他的回答相当干脆:'就算不会赢,也要打一打。'最后他上去,内线、外线加篮板,冲杀了一阵之后,我们赢了三分。他的话现在成了我的教练。"

在那一天发现了芽细胞之后,医生没有追加任何治疗,只是给他输血、打抗生素而已。但是很奇怪,那位教练竟然奇迹般地战胜了病魔,这同他振奋的精神和顽强的意志力是分不开的。世界上还有比这更难以让人置信的事情吗?即使打不赢,也绝不做逃兵,结局才有被改写的可能。

被称为"蓝色巨人"的IBM,居然是从一个生产磅秤、切肉机的小公司演变为今天的跨国电脑公司,知道的人恐怕都会觉得意外。在这样的成就中,凝聚了几代人的汗水,但是,人们首先应当感谢的就是"计算机之父"、IBM公司的创始人——托马斯·约翰·沃森。你无法想象他是从怎样的痛苦中获得最终的成就的。

第八章 破釜沉舟，背水一战

托马斯·约翰·沃森是一个穷苦的苏格兰移民的儿子，父亲靠伐木和种地为生。为了减轻父母的压力，他17岁就步入了社会。

沃森的第一份工作是为一家五金店老板推销缝纫机。当时，走街串巷的推销是被人们看不起的职业，沃森在那个时候就遭受了许多白眼。但辛苦的工作使沃森得到了锻炼，他始终保持着良好的状态。后来谈到他早年的辛苦时，沃森说："一切都源于销售，没有销售就没有美国的商业。"

推销商品让沃森每个星期能得到12美元的工资，但是，他从其他推销员那里得知自己被老板愚弄了，其他的推销员拿到的是佣金而并非工资。这样算来，沃森每个星期应得的是65美元，他感到气愤，并且辞去了这份工作。

后来他又给一个名叫巴伦的推销员做助手，佣金比较丰厚。沃森还开了一家属于自己的肉店，他有着缔造零售业帝国的梦想。然而，这个梦很快就被惊醒了，巴伦卷款而逃，这使沃森陷入破产的危机中。

沃森绝不甘心就这样失败了。他重整旗鼓，精神抖擞地面对困难，将谋生的目光投向了全国现金出纳机公司，那里周薪平均100美元。

沃森第一次推销收款机时极其失败，他遭到上司兰奇的百般责骂。当时，他被骂得不知所措，羞愤难忍。但是，沃森却在这样的屈辱中坚持了下来，将这样的经历看成推销中的职业训练。一年后，沃森成为了销售部的经理。后来，沃森又被提升为分公司经理。他到这家公司的第五年，已经成为仅次于这家公司老板帕特森的第二号人物。他仿佛很快要到达成功的巅峰。

而厄运又一次袭来。州法院以垄断罪起诉了国民收款机公司。沃森虽然获得了保释，帕特森却被判入狱一年。年近40岁的沃森在

这个时候失去了饭碗,他的家里此时有新婚不久的妻子和嗷嗷待哺的儿子,他必须继续去闯荡。

不久,经朋友介绍他认识了IBM前身的奠基者查尔斯·弗林特。失业的沃森一如既往地保持着最佳的状态,他们通力合作,为IBM的江山打下了坚实的基础,而沃森更是以自己卓越的领导才能和经营魄力赢得了人们的信任。现在,虽然沃森已经去世,但他创办的IBM公司仍然在不断壮大。

在忍耐和辱骂中,沃森逐渐成长起来,如果没有那些灰暗的日子的磨砺,不会有日后的成就。每一次跌倒,沃森都会马上爬起来,他的状态永远是斗志昂扬的。爬起来再战,做一个无畏的斗士。像他这样的人还有安德鲁·杰克逊。

安德鲁·杰克逊是美国第七任总统、首任佛罗里达州州长、新奥尔良之役战争英雄、民主党创建者之一,杰克逊式民主就是因他而得名。在美国政治史上,他是19世纪20年代与19世纪30年代的第二党体系的极端象征。

但是,安德鲁·杰克逊的儿时伙伴们都无法理解他为什么会成为名将,最终还成为了美国总统。因为,在他的伙伴们当中,有许多人比杰克逊更优秀、更有才华,但是最终却没有大的作为。

杰克逊的一位朋友曾经说:"吉姆·布朗和杰克逊就住在同一条街上,布朗不但比杰克逊聪明,而且摔跤也能赢杰克逊三场,凭什么杰克逊会混得那么好?"

"摔跤都是三局两胜,那么为什么会有第四场比赛呢?"有人问。

他的朋友说:"没错,比赛确实应该结束了,但是杰克逊不肯。

他从来不愿意承认自己输了,一定要赢回来才可以。到最后,吉姆·布朗没了力气,第四场,杰克逊就会赢了他。"

安德鲁·杰克逊向来拒绝失败,正是这种坚忍不拔的精神造就了他日后的辉煌。

当你被摔倒在地时,你会不会爬起来再战,会不会精神抖擞地面对一切,直到取得胜利?衡量力量与勇气不能只看胜利和奖章,更重要的标准是人们所克服的困难。真正的强者不一定是取得胜利的人,但一定是面对不可能敢挑战的、斗志昂扬的人。

时时全力以赴,事事全力以赴,谁能预测之后会发生什么事情呢?每个人都会面对一些事情,明知道自己会败下来。但是,只要参与其中,始终抱着打不赢也绝不做逃兵的心态,也许,打不赢就会变成打赢,不可能就会变成可能。

4.从"不可能!"到"不!可能!"

从"不可能!"到"不!可能!",中间只隔了一个叹号,却能得到截然相反的效果,可见,它们并不是不能逾越的。

在沈庆京年轻的时候,他为了帮派的利益打打杀杀,最后终于招来三年的牢狱之灾。在狱中,他想得最多的就是自己到底为什么捅别人这一刀,难道就因为帮派中的人说了一句话"捅他",自己就冲了出去吗?这太可笑了。

出狱之后,沈庆京决定四海为家。于是他成为了远洋船只的海员,开始浪迹天涯。三年之后,他选择了纺织配额买卖的报关员作

为自己的职业。那个时候,中国台湾的"配额"行业里充满了尔虞我诈,特别是沈庆京所做的纺织业配额,更是一个危机四伏的诈骗行业。每一个从事这一行的人都不知道什么叫做良心,什么叫做诚信,从来都是能骗则骗、能诈就诈。

沈庆京不愿意自己也成为这样的一个欺诈者,因为三年的牢狱、三年的海上漂泊让他彻底地明白一个人应当怎么样活着。可是要想在这群绝对不可信赖的人群里成为那个唯一可信赖的人,那是多么艰难的一件事情。

没有人相信沈庆京,没有人认为他是值得信赖的,甚至每一个人都认为沈庆京为了设计更大的骗局而故意这样假装好人,所以没有人愿意和沈庆京做生意。他们受不了沈庆京的诚信,认为这不过是老虎要吃人之前的假慈悲。于是行业里面的人寻找各种机会对他发难,让他在这个行业待得越来越难受。

面对这么多人对自己的不信任,这么多人对自己发难,沈庆京忽然觉得很悲哀,也许自己注定是这个行业的异类。沈庆京开始产生动摇的念头,他觉得这一切也许真的像他的一位好友劝他说的:"你所做的一切绝对是不可能成功的。"

正在这时,中兴纺织的董事长鲍先生约见他,沈庆京忽然间像是傻了一样。要知道,鲍先生的中兴纺织可是中国台湾纺织业的龙头老大。

鲍先生一见沈庆京就问他:"听说你想在纺织配额行业重树一种诚信的风气,是这样吗?"沈庆京老实回答说:"开始我是这么想的,但现在看来,的确很难。也许是我错了,这一切也许真的是不可能实现的。"鲍先生脸色马上变了,他找来纸笔,写了几个字,然后对沈庆京说："年轻人，什么是不可能？你看，不可能不就是'不！可能！'吗？你年纪轻轻，经历这么一点事就觉得不可能，那下次要怎样做事才能够变成可能呢？"

沈庆京忽然觉得一阵羞愧，他低着头过了良久才对鲍先生说："先生说得对，不可能就是'不！可能！'。您放心，我一定不再退缩，在这个行业树立起我的诚信，把不可能变成真正的可能。"鲍先生笑了，他对沈庆京说："那好，从此我中兴的生意就和你做了。"

有了鲍先生的支持，沈庆京不再退缩，他决定要在这个没有诚信的行业里树起一面诚信的大旗。所以，卓越的人要有诚信，卓越的人生普通人是不会懂得，因为它们都是崇高理想的产物。

许多时候，人们遇见的事情是之前所未遇见过的，可能对其并不是很了解，看不透它的本质。于是，"不可能！"成为了人心中的魔障。有的人就开始犹豫，是做还是不做，机会就在这犹豫不决中悄悄溜走了。有的人会花时间去等，想等事情明朗了，看清方向了再去做，结果一再地观望等待，错失良机。

能够取得成功的人都能把握住机会，他们都具有这样的魄力：敢做别人不敢做的事，敢将别人认为不可能的事情变为可能。这样的能力需要有深刻的洞察力和丰富的经验，还需要有足够的勇气。

有一个小伙子，大学毕业后，被分配到了家乡宁波的电信局。这里的工作稳定，收入也不错。然而两年后，他毅然作出决定，放弃了目前的这份工作，另觅他处。

他不顾父母的反对，毅然南下广州。在Sybase广州分公司里，工作了两年，学到了不少东西，也有了一些积蓄。然后，他辞去了

这份工作，想要自己创业。

他靠自己这几年积攒下来的钱，在广州创办了一家网络公司，时间是1997年。2000年，他公司的股票开始在纳斯达克上市。然而在2001年，他的公司涉嫌财务欺诈，被纳斯达克调查。2002年，他公司的股票狂跌，网络泡沫几乎让他的股价变得一文不值。

这个人似乎天生敢于冒险并不怕失败，他坚信，只要经营好自己，就可以经营好整个人生。果然，经过他不懈的努力，他公司的股票又一路狂涨，他也成为了《福布斯》杂志曾公布的中国第一富豪。这个人就是网易的创始人兼首席架构设计师——丁磊。他拥有的财富超过了70亿元。一切皆有可能。有魄力、有信念、有努力，还有什么是不可以实现的呢？丁磊的经历将"不可能！"变成了"不！可能！"诠释得是如此到位。

可以说，许多白手起家的成功者，都具有做事明快果敢的品格，都具有敢走别人不敢走的路的冒险精神，他们完全不怕"不可能"。

19世纪60年代初期，美国的铁路还处于铁的时代，无论桥梁还是路轨全是铁造的，铁路及桥梁事故时有发生。卡内基在铁路部门任职后，早就觉察到这是一个有待解决的大问题。

一天，卡内基在报上看到了一则消息：欧洲的贝西默发明了一种炼钢法，使钢的制作有了大生产的可能。他马上意识到这将意味着铁时代的终结、钢时代的登台，谁能捷足先登必将前程无量。考虑到自己的财力有限，卡内基便马上与弟弟商量，要把他们的全部资本抽出来投资办钢厂，而且还要借一笔资金。

卡内基的弟弟没有多大气魄，他劝哥哥说："这样做太冒险了，不能把所有的鸡蛋放在一个篮子里吧。如果钢不能代替铁的话，我们岂不是要损失惨重？"卡内基说："我看准了，钢取代铁势在必行，先下手为强，肯定可以发大财，它值得我们下一笔大赌注。"

卡内基的弟弟尽管有些不放心，但还是按照哥哥的意思去做了。首先是买厂址，卡内基看中了独立战争时代的布拉多克战场一带的一片土地。那块地的地主听说卡内基要在他的土地上办厂，竟一夜之间从每英亩500英镑提高到2000英镑。卡内基的弟弟犹豫起来，忙发电报给卡内基。卡内基看到后，马上告诉弟弟快买下来，否则那地主还会涨价。

卡内基把钢厂办起来以后，一直一帆风顺。钢厂的最初资本只有100万英镑，但不久每年利润就达到了200万英镑，后又增至200万、1000万英镑。到1890年，年利润高达上亿英镑。

卡内基看准时机，倾其所有资产发展钢铁业，把别人不敢想的事情变成了现实，不愧为具有雄才大略的企业家。而在大家身边，成功者只是少数，但更多的人却是碌碌无为。很多头脑聪明、才华横溢的人，就是因为缺乏将"不可能！"变成"不！可能！"的勇气和果敢，遇事瞻前顾后，不敢迈出第一步，只会等待，不懂主动出击，所以才无所成就。

生活中会遇到很多困难和挫折，会遇到很多让人看起来完不成的事，遇到很多看起来高不可攀的东西，可这些你真的达不到吗？你应该有勇气把"不可能！"变成"不！可能！"

第八章 破釜沉舟，背水一战

5.成功是爬起比跌倒的次数多一次

很多人成功攀上了顶峰,并不是得到了上天的眷顾,而是在每一次失败的时候都坚强地站了起来。当他站起来的次数比跌倒的次数多的时候,哪怕就多一次,他就站在了那里,因为胜利永远只向强者招手!

所以,有人给成功下了个定义,说成功就是不断跌倒,再不断地爬起。直到有一天你发现,你爬起的次数比跌倒的次数多一次。事实上的确如此。机会对每个人都是均等的,你不能一味地抱怨生不逢时、无人赏识。

成功的路上布满了荆棘和坎坷,跌倒在所难免,受伤毋庸置疑。但是后面还有一句话:"跌倒了站起来,受伤了让伤口愈合再接再厉,就一定能到达成功的目的地。"成功并不难,只是要求你跌倒的次数永远小于站立的次数,如此而已!

1892年夏季,暴风雨席卷了美国密苏里平原,肆虐的洪水冲毁了公路、庄稼和农舍,许多人无家可归。一个瘦弱的小男孩穿着布满补丁的破烂衣服,站在农舍外围的高坡上,眼睁睁地看着棕色的河水汹涌而来,漫过河堤,席卷了农田。

洪水卷走了一家人所有的希望,垂头丧气的父亲到当地叫玛丽维尔的银行家那里去请求延期偿还贷款,狠心的银行家却以没收他的全部财产相要挟拒绝了他的请求。沮丧的父亲赶着四轮马车往家走,途经一座桥时,他停下来,扶着栏杆俯身呆望着桥下滚滚的河水。

"爸爸,您还要等谁呢?"小男孩疑惑地望着父亲。

父亲没有说话,眼泪簌簌地淌了下来。小男孩紧紧地抱住父亲的大腿,似乎要给父亲鼓励和力量。父亲终于重新上路。

第八章 破釜沉舟，背水一战

不久后的一天，一位演说者到了瓦伦斯堡的集会上演讲，演说者雄辩的技巧、扣人心弦的故事深深地影响了男孩，"一个农村男孩，无视贫穷，甚至不顾眼前的一切而努力奋斗，他一定会成功的！"演说者说完便问听众："谁将是那个男孩呢？"接着他又自答道："各位女士、先生，你们看看他。"说完演说者的手随便指了一个方向。虽然他只是随便一指，但那男孩分明觉得他正指着自己。从那一刻起，他发誓要当一名演说家。

然而，笨拙的外表、破烂的衣服和少了一根食指的左手却总是让他在以后相当长的一段时间里都感觉非常地自卑。

有一次，已经是一名师范院校学生的他穿着那件破夹克刚走到台上，就有人喊了一句"我爱你，瑞德·杰克！"紧接着，大家笑成了一团，原来在英语里，瑞德·杰克与破夹克是谐音词。还有一次，他在演讲的中途竟然忘了词，在人们的口哨声中，他汗流满面地站在那里，尴尬至极。

连续十二次的演讲失败让他心灰意冷，他甚至对自己的能力产生了怀疑。又一次的比赛结束后，他拖着疲惫的身子往家走，路过一座桥时，他停了下来，久久地望着下面的河水。

"孩子，为什么不再试一次呢？"不知何时，父亲已经站到他的身后，正微笑着看着他，眼里充满着信任与鼓励。像十二年前的那个午后一样，站在小桥上的父子俩又一次紧紧地拥抱在一起。

接下来的两年里，瓦伦斯堡的人们几乎每天都可以看到一个身材颀长、清瘦、衣衫破旧的年轻人，一边在河畔踱步，一边背诵着林肯及戴维斯的名言。他是那么全神贯注，以至达到了忘我的地步。有一次，他正在练习自己的一篇演说稿，神情专注，到了动情处还会夹杂一些显示自己有力量的手势。就在这时，附近的一个农民看

到了，以为出现了一个疯子，立即报告了警察，警察气喘吁吁地跑来。经过询问，大家才恍然大悟，原来一切都是一场误会。1906年，这个年轻人以《童年的记忆》为题发表演说，获得了勒伯第青年演说家奖。那一天，他第一次尝到了成功的喜悦。

三十年后，他成为美国历史上最著名的心理学家和人际关系学家，他的《成功之路》系列丛书创下了世界图书销售之最。在他过世后的许多年里，在世界的各个角落，人们仍在以不同的方式不断地提起他的名字。他便是被誉为"20世纪最伟大的人生导师和成人教育大师"的戴尔·卡耐基。今天，几乎所有的美国人都喜欢用这句"为什么不再试一次呢？"去鼓励自己的孩子们。

戴尔·卡耐基用自己的行动印证了伟大的思想家艾丽丝·亚当斯那句话："世上没有所谓的失败，除非你不再尝试。"他富于传奇色彩的一生在带给世人感慨的同时，也带给了我们深深的思考。许多时候，面对挫折与失败，或许我们也该对自己说这样的一句话：为什么不再试一次呢？

当我们回顾自己那些曾经成功历程的时候，是不是发现站起来的次数永远比跌倒的次数多？而当你遭遇失败时，别人最喜欢鼓励你的一句话是不是"没关系，你可以再来一次。"

6.只要不封盘，就还有希望

人生就如同一只股票，不论你曾经有多么好的行情，总是有上涨也会有下跌，有套牢也会有解套。但是，只要不封盘，就说明还有希望。

歌手李慧珍1997年1月在北京出道，凭借一首《在等待》传遍大街小巷。一些大牌明星的演唱会，从香港到内地，都请她来当唯一的主场嘉宾。但是，后来因为一场大病，李慧珍从人们的视野中消失，并且一消失就是6年。

有的人不禁替她难过："声音那么好听的一个女孩，怎么就那么倒霉呢？"

是的，脑袋里长瘤，对任何人来说都是很恐怖的事情。好不容易伽马刀手术成功，却又发生全身的内分泌系统紊乱，让李慧珍的关节都不能活动，每天增重1斤，身体完全乱了套。当时，李慧珍走路时，腿只能勉强抬高10厘米。

疾病逼得李慧珍不得不挥泪告别歌坛。而这之后，李慧珍一边与疾病作斗争，一边饱尝生活的辛酸。父亲因故病逝，李慧珍被众亲朋指为父亲病故的原因之一。浙南地区盛行重男轻女思想，李慧珍的奶奶狠心将李慧珍的母亲和两个孙女一同赶出家门。一边是重疾，一边是因为组织演出负债百万，李慧珍只好一度放弃了唱歌，转而为钟丽缇、苏永康、张卫健打理内地演艺业务。

但是，也有人说："李慧珍也是幸运的！"

因为，她后来终于可以自由自在地歌唱了，而在这之前，那些疾病也许早就想将她甜美的歌喉牢牢封住。然而，命运却没能捂住她的嘴巴。

不幸的李慧珍幸运地遇到了贵人。李慧珍在肿瘤切除手术之后身体无理由地内分泌机能失控，不能正常分泌激素，血象指数完全不够，无论怎样检查也找不到原因。最痛苦的时候，李慧珍想到了一句广告词："通则不痛，痛则不通。"于是她想到了去向中医求救，这样的想法拯救了她自己。医生一检查，发现李慧珍的经脉都离了位、脱了槽，情况十分严重，整个人就像散了架一样。医生一点点帮她

第八章 破釜沉舟，背水一战

调理,帮她复位,重新整合了一个新的李慧珍。逐渐脱离病痛的李慧珍,奔跑着离开诊所。

李慧珍说她遇到了很多贵人,收费最贵还预约不上的顶级声乐老师分文不取给李慧珍上了10堂声乐课,其他歌手捧着大把银子也没有办法得到真传。日本的制作人顶着唱片公司所有人都不看好李慧珍的压力为她做专辑,无怨无悔,制作费赚不到,并且还常常自己掏钱两地奔波,只是因为他非常相信李慧珍的声音。

这是别人求也求不来的福分,李慧珍却得到了。李慧珍在一次节目里淡淡地说:"人生就像一个股盘,涨也好,落也好,我都不怕,我只怕封盘。不管我的股票跌到多惨的地步,只要盘还活着,我就有站起来的那一天!"

"留得青山在,不愁没柴烧"。是的,只要人还在,只要不封盘,自己就有反败为胜的机会,就有改写人生的权力。有人说人生如戏,可是这场戏不能重来,一旦封盘,就再也不会重新开始。

一位得知自己不久于人世的老先生在日记簿上记下了这段文字:

"如果我可以从头活一次,我要尝试更多的错误。我不会再事事追求完美。"

"我情愿多休息,随遇而安,处世糊涂一点,不对将要发生的事处心积虑地计算。其实人世间有什么事情需要斤斤计较呢?"

"可以的话,我会去多旅行,跋山涉水,更危险的地方也不怕去一去。以前我不敢吃冰激凌,不敢吃豆,是怕健康有问题,此刻我是多么的后悔。过去的日子,我实在活得太小心,每一分每一秒都不容有失误。太过清醒明白,太过清醒合理。"

"如果一切可以重新开始,我会什么也不准备就上街,甚至连纸巾也不带一块,我会用心享受每一分、每一秒。如果可以重来,我会赤足走在户外,甚至整夜不眠,用这个身体好好地感受世界的美丽与和谐。还有,我会去游乐园多玩几圈木马,多看几次日出,和公园里的小朋友玩耍。"

"如果人生可以从头开始……但我知道,不可能了。"

生命只有一次,起起伏伏,历尽沧桑变幻。如果放弃了生命,再多的希望也无济于事。

在一次火灾事故中,消防员从废墟里找出了一对孪生兄弟——波恩和嘉琳,他们是这次火灾中仅存下来的两个人。

兄弟俩很快被送往当地的一家医院,虽然两人死里逃生,但大火已把他俩烧得面目全非。

"多么可怜的两个小伙子!"医生为兄弟俩惋惜。

波恩整天对着医生唉声叹气:自己成了这个样子以后还怎么出去见人,还怎么养活自己?他接受不了这样的自己,完全对生活失去了信心。他总是自暴自弃地说:"与其这样活着,还不如死了算了。"

嘉琳努力地劝波恩:"这次大火只有我们得救了,因此我们的生命显得尤为珍贵,我们的生活最有意义。一定要好好活着啊!"

兄弟俩出院后,波恩还是忍受不了别人的讥讽,偷偷地服了安眠药离开了人世。而嘉琳却艰难地生存了下来,无论遇到多大的冷嘲热讽,他都咬紧牙关挺了过来。嘉琳一次次地暗自提醒自己:"我生命的价值比谁都高贵。"

有一天,嘉琳还是像往常一样送一车棉絮去加州。天空下着雨,

路很滑，嘉琳开车开得很慢。此时，嘉琳发现不远处的一座桥上站着一个人。嘉琳紧急刹车，车滑进了路边的一条小沟。嘉琳还没有靠近年轻人的时候，年轻人已经跳下了河。年轻人被他救起后，还是执意要结束自己的生命，嘉琳没有放弃他，直到嘉琳自己都差点被大水吞没。当他救起这个人后,他对这个年轻人讲述了自己的经历。

没想到，嘉琳救的这位年轻人竟是亿万富翁，富翁很感激嘉琳，并为嘉琳的故事所动容，他和嘉琳一起干起了事业。

从一个积蓄不足10万元的司机，到拥有一个3.2亿元资产的运输公司，嘉琳的命运彻底被改写了。几年后，在先进的医学技术下，嘉琳用挣来的钱修整好了自己的面容。

命运不会太恶意地对待每个人。给你一个坎坷，就一定会为你准备好一个通道，或在别的地方给你一个更好的补偿。

7.苦难绝不会阻断强者的成功之路

苦难可以毁灭一个人，也能成就一个人。对于一个意志坚定的人来说，苦难阻断不了他前进的道路。困难会挡在通往成功的路途中，但是困难绝对不会阻断强者的成功欲望。

同样一件事，人们却有不同的反应，只因心态不同，看问题的角度不同。其实在这个世界上并没有不幸的人，只有相对不幸的人。遇到了小偷，有人因为东西被偷而恼恨不已，有人却因为人身没受到伤害而大感庆幸。一根刺扎在手中，有人会怨声喊叫，有人却庆幸不是扎在眼中。你所遇到的，真的就是不幸吗？

第八章 破釜沉舟，背水一战

1934年春，已经在威培城开杂货店两年的史密斯不但把所有的积蓄都亏掉了，而且还负债累累，最后只好把杂货店关掉。

生活上陷入困境的史密斯颓废极了，开始对生活失去信心。一天，他突然遇到一个没有腿的残疾人，只见那个人坐在一个木制的滑盘内，一只手撑着一根木棒，滑着前进。当史密斯和他的目光相撞时，他微笑着向史密斯打招呼："早，先生，天气很好，不是吗？"

那一刹那，史密斯突然觉得自己以前实在是太荒唐了，他对自己说：这个人没有腿都能这么快乐和自信，我有腿，当然我也可以。史密斯的心胸一下开阔起来，他相信自己一定能够找到一份工作。果然，他很快就找到了一份新工作。

其实人生中很多事都是这样。有人总是抱怨生活的不如意、命运的不公、活着的不幸。可他们却不曾想过，比他们境遇更糟糕的大有人在，和真正的不幸者相比，他们那点"不幸"实在微不足道，甚至不值得一提。

人们总是对成功人士光鲜亮丽的一面记忆犹新，殊不知他们也曾经遭遇过不幸，并且他们曾经的生活状况可能还不如普通人。不同的是他们不仅不会抱怨，相反还会把这种不幸变成成功的资本。

雅虎的创始人杨致远生于中国台湾，两岁时父亲就去世了。他的母亲毅然挑起了独自抚养他的重任，而杨致远也汲取了母亲身上的乐观和自强的精神，这也为他长大成人后取得成功奠定了基础。

华人首富李嘉诚可以说是全世界公认的成功人士，他的人生同样充满了不幸和曲折。李嘉诚出生在动荡的20世纪20年代。因为战乱，12岁时李嘉诚不得不随父母举家逃往香港谋生。空手来到香港，李家可以说是一贫如洗。可是李嘉诚没有因此而放弃人生，他不怕

吃苦、不怕吃亏，从不埋怨别人，踏踏实实地做事。

正是在不幸和痛苦的煎熬中，李嘉诚养成了坚忍的个性，从不怨天尤人，因为他知道这样只会让他的状况变得越来越糟。功夫不负有心人，李嘉诚终于成功了。

很多时候，如果现实和理想有所出入，人们就会觉得自己不幸，殊不知在这个世界上比他不幸的人不知道有多少。

古希腊哲学家苏格拉底说："苦难是磨炼人的最高学府。"巴尔扎克也说过："苦难是强者的垫脚石，对能干的人来说是财富，对弱者却是万丈深渊。"苦难使弱者消沉自毁，使强者升华而自强。面对苦难和挫折，唯有永不放弃，坚持到底，才能让自己感受到胜利的喜悦。

一个真正的强者不仅能坦然地面对命运带来的苦难，而且还能在困境中保持理智，清醒地做出正确的判断，让自己走出逆境。

苦难并不意味着与成功越来越远，它会挡在人们通向成功的道路上，是停止不前，还是想办法越过去？处在顺境中的人也许根本就不知道苦难为何物，容易贪图享受，不思进取。逆境中的人则不同，他们饱受磨难，一次次与命运和困难作斗争，逐步具备了走出逆境的心智和潜能。

要想正确认识苦难并增强自己对抗挫折的能力，可以借鉴下面的方法：

（1）要认识到挫折是不可避免的

人类的文明，就是在挫折与失败中获得进步的。必须对人生道路上的挫折和困难有充分的认识，并且也要有思想上的准备。绝对平坦顺利的人生路是不存在的，因为事物的发展本来就是螺旋式曲折前进的。所以，人生的道路充满曲折是正常合理的。

（2）积极地应对挫折

当你遇到挫折时，不要灰心丧气、怨天尤人，更不能因为一时的受挫而轻言放弃，应该从心理上相信自己能行，自己给自己鼓励。因为阳光总在风雨后，只要有心理准备，只要相信自己，你就不会因为一点困难而退缩。

一个人在遭遇挫折时，内心情绪会发生很大的变化，如果不知道如何去调整自己的情绪，不懂得如何赶走因挫折给人带来的消极影响，就会导致更大的失败。要知道，挫折既然已经发生，就要端正心态，客观地去面对它，以寻找解决的办法，努力使自己的行为合理化，尽量处理好当前的局面，扭转形势以利于自己向前行进的步伐。

（3）自我调节，释放能量

当遇到困难和挫折时，不能一味地消沉、自责，更不能太急躁，要懂得自我安慰、自我暗示、自我激励，用恰当的方式宣泄不良情绪，并努力赶走消极思想。

当遇到挫折时，可以和好朋友谈谈心，让压抑的情绪得以释放，同时也要积极地寻找应对措施。如果已经过去，就应当丢开它，让自己面对前面的新生活。痛苦的感受犹如泥泞沼泽地，你若不能从中解脱，就很有可能深陷其中而不能自拔。

总之，大千世界，变幻无常，发生不如意的事情是正常现象，而挫折也是一个变数。只要你努力做生活的强者，将挫折的障碍石化为成功的垫脚石，将挫折的阻力化为成功的动力，调整自己的情绪，理智地分析问题的根源，就能够战胜挫折、扭转心境。只有正确地认识自己，用全面的、发展的眼光看自己，对未来充满自信，才能释放出巨大的精神动力，走向成功的彼岸。

人们都希望自己一生平坦顺利，然而，未经苦难考验的人生往往是平平庸庸无所作为的。苦难，引导人们通过奋斗获得成功，没有经过苦难洗礼的人，很难拥有不屈的人格。苦难是人生的试金石，生活中真正的强者绝不会被苦难吓倒。

8.绝望将希望变成荒漠，希望将绝望变成绿洲

如果一个人处于绝望当中，希望也变成了无边的荒漠；而如果一个人充满了希望，那么绝望也会变成一块生机勃勃的绿洲。

所以，无论你所处的环境多么恶劣，无论你经历了多么巨大的挫折，如果你是被绝望所控制，向绝望屈服，放弃了积极进取和努力，那么，失败是必然的结果。与之相反，只要你心里还能拥有希望，就会有一种无穷的力量帮助你战胜困难，取得成功。很多时候，人们的智慧和才干并非不如别人，仅仅是与别人相比时缺少了希望所带给他们的精神动力而已。

人生无坦途。在漫长的道路上，谁都难免遭遇厄运和不幸。谁曾想到，小泽征尔，这个被誉为"东方卡拉扬"的日本著名指挥家，在初出茅庐的一次指挥演出中，中途被赶下场来，然后被解聘。

为什么困难没有让他们放弃？为什么厄运没有把他们打败？因为他们始终把厄运看做是人生的一种磨炼，而不是负担，更不会因此而对自己的未来绝望。在厄运来临时，他们能看得更远，能让自己心中永存希望，梦想是他们心中永远的绿洲。

在华人圈内素有"美容教母"之称的蒙妮坦国际集团董事长郑明明，有一个美丽的称号——"蒙妮坦不倒翁"。近40年来，她一直在为"美丽"奋斗不止。

1973年，郑明明精心挑选了一批美容产品，带领6名受过训练的职员，在雅加达租了一个储存仓库，准备通过销售产品在那里开设蒙妮坦的分支机构。怎料，一场大火把仓库烧了个精光，所有产

品付之一炬。产品没了，本也亏了，欠下银行一大笔贷款，还要赔偿被烧毁的仓库。郑明明当时的境遇可想而知，而就在她绝望的时候，突然想起了父亲的不倒翁，顿时得到鼓励。她说："父亲最喜欢不倒翁，他常常鼓励我要敢于面对现实，应该学习不倒翁的精神：遇到挫折时不能绝望，只要懂得如何再次站起来。"

于是，郑明明借着父亲的"至理名言"，在仓库失火后再次勇敢地站起来。她先回到香港，重建事业。一年后还清了银行贷款，手头又有了积蓄，于是再次扩张。这样，几十年风雨历程，她的事业越来越大，也正是父亲那句再普通不过的教诲，一直在鼓励着这位"美容教母"。让她从荒漠中找到了生命的绿洲。

后来，她在总结自己成功的经验时说："踏足内地的头八年，工作并不顺利，到处碰壁。就当时的内地来说，开办美容学校是很难被接受的事情，阻碍很多。但每当要打退堂鼓时，我就想到了父亲的那句话，于是给自己打气，在心里描绘未来的美好蓝图，给自己一个成功的希望。以后，我最大的心愿是建立中国的民族品牌，让中国的美容产品在海外同样得到认同……"

人生在世，谁都有过失败，有过挫折。古今中外哪位成功人士不是从失败中走出来的？但无论遇到多大的挫折和阻碍，都不能绝望，因为绝望会让你丧失一切机会。要做一个意志坚强、永不绝望的人，无论在怎样的困境中都能看到希望，只有这样才可以战胜一切困难，摔倒了重新站起来，取得成功的钥匙。

通向成功的路并非是一条平坦的大路，你必须随时拥有承受失败考验的心理准备。要知道，当你似乎已经走到山穷水尽的绝境时，你离成功也许仅一步之遥了。

李·艾柯卡曾是美国福特汽车公司的总经理，后来又成为了克莱斯勒汽车公司的总经理。他的座右铭是："奋力向前。即使时运不济，也永不绝望，哪怕天崩地裂。"他1985年发表的自传，成为非小说类书籍中有史以来最畅销的书，印数高达150万册。

艾柯卡不光有成功的欢乐，也有挫折的懊丧。他的一生苦乐参半。1946年8月，21岁的艾柯卡到福特汽车公司当了一名见习工程师。但他对和机器做伴、做技术工作不感兴趣。他喜欢和人打交道，想搞经销。

凭借自己的奋斗，艾柯卡由一名普通的推销员，终于当上了福特公司的总经理。但是，1978年，他被妒火中烧的大老板亨利·福特开除了。当了8年的总经理、在福特工作已32年、从来没有在别的地方工作过的艾柯卡，突然间失业了。昨天他还是英雄，今天却好像成了麻风病患者，人人都远远避开他。公司里的所有朋友都抛弃了他，这是他生命中最大的打击。"艰苦的日子一旦来临，除了做个深呼吸，咬紧牙关尽其所能外，实在也别无选择。"艾柯卡是这么说的，最后也是这么做的。他没有选择让自己的事业变成荒漠，而是决心寻找事业的绿洲。他接受了一个新的挑战：应聘到濒临破产的克莱斯勒汽车公司出任总经理。

这位在世界第二大汽车公司当了8年总经理的事业上的强者，凭他的智慧、胆识和魄力，大刀阔斧地对企业进行了整顿、改革，并向政府求援，舌战国会议员，取得了巨额贷款，重振企业雄风。1983年8月15日，艾柯卡把面额高达8亿1348万多美元的支票，交到银行代表手里。至此，克莱斯勒还清了所有债务。而恰恰是5年前的这一天，亨利·福特开除了他。

如果艾柯卡不是一个坚忍的人，不敢勇于接受新的挑战，在巨大的打击面前一蹶不振、偃旗息鼓，那么他和一个普通的下岗职工就没有什么区别了。

人的一生，就像一趟旅行，沿途中有数不尽的坎坷泥泞，但也有看不完的好风景。如果你的一颗心被灰暗的风尘所覆盖，干涸了心泉、暗淡了目光、失去了生机、丧失了斗志，你的人生轨迹会被绝望毁灭；而如果你能保持一种健康向上的心态，即使你身处逆境，只要心中有希望，就一定能东山再起，让人生变成充满生机的绿洲。

由此可见，绝望会让原本有可能实现的理想变成毫无可能的泡影，而希望却可以让不可能变为可能。那么，如何化绝望为希望呢？从"思维心理学"大师史力民博士的化绝望为希望的三个原则中，人们可以得到启示：

（1）不要扩大事态

如果你做一件事，但是没有取得预想的结果，千万不要太失望，更不能绝望，要继续努力。因为成功不是轻而易举的，只要心怀希望你就有机会成功。千万不能扩大事态，影响你前进的脚步。

（2）不要"人"与"事"混淆

当你做一件事没有取得成功的时候，不要把自己定义为失败者。没有成功，你首先要面对现实，想想自己做事的时候哪里处理不当，下次如何借鉴以避免相同的错误，让这次的失败给下次的努力以正确的指导，以保证下次成功的系数更大。

（3）不要夸张渲染

当有不如意时，不要认为自己就是个倒霉的人，这种消极的心态无益于日后的生活。而且，这个世界上没有人会一直生活在黑暗中。只要你肯努力，心怀希望，就一定能走向坦途，迎来光明。

心理学家从研究中发现：悲观主义者意志消沉，他们的大脑工作很慢；乐观主义者态度积极向上，他们的大脑转得很快。同时，心理学研究也发现一个有趣的现象：低头想问题容易滋长人的悲观情绪，而抬头想问题则有助于人们进行乐观的思考。所以，无论你面临着什么样的困境，都不应该一味地失落或抱怨，因为这只会使你变得更沮丧，甚至对人生感到绝望。对于身陷困境的你，最要紧的是应该利用手中所拥有的希望，战胜黑暗，摆脱困境，去创造一个光明的前程，在荒漠中找到属于自己的那片绿色。